基于双光频梳的多波长干涉测距技术

杨睿韬 著

哈尔滨工业大学出版社
HARBIN INSTITUTE OF TECHNOLOGY PRESS

内 容 简 介

本书的编写目的是梳理激光测距方法的发展脉络，提出并验证一种基于双光梳的多波长干涉测距方法，论证其应用于重大基础科学实验装置的潜力。

本书共分三部分：第1章介绍了激光测距技术的应用背景、现有主要技术方案及其各自存在的问题；第2~4章介绍了基于双光梳的多波长干涉测距方法核心原理，以及实现该方法的双光梳生成和稳频技术、信号处理技术；第5章介绍了双光梳多波长干涉测距系统的性能测试方法及结果。

本书适用于仪器科学与技术及其相关专业的学生使用，也可作为相关专业教师及科学和工程技术人员的参考书。

图书在版编目(CIP)数据

基于双光频梳的多波长干涉测距技术 / 杨睿韬著
.—哈尔滨：哈尔滨工业大学出版社，2020.10(2024.6重印)
ISBN 978-7-5603-4323-5

Ⅰ.①基… Ⅱ.①杨… Ⅲ.①光干涉-激光测距
Ⅳ.①O436.1

中国版本图书馆CIP数据核字(2020)第193536号

基于双光频梳的多波长干涉测距技术
JIYU SHUANGGUANGPINSHU DE DUOBOCHANG GANSHE CEJU JISHU

策划编辑 张凤涛
责任编辑 周一曈
装帧设计 博鑫设计
出版发行 哈尔滨工业大学出版社
社 址 哈尔滨市南岗区复华四道街10号 邮编150006
传 真 0451-86414749
网 址 http://hitpress.hit.edu.cn
印 刷 哈尔滨博奇印刷有限公司
开 本 787mm×1092mm 1/16 印张8.25 字数220千字
版 次 2020年10月第1版 2024年6月第2次印刷
书 号 ISBN 978-7-5603-4323-5
定 价 85.00元

前　言

作为一项重大的前沿基础科学研究，引力波的高精度太空探测向激光测距技术提出了百万千米量级测量范围、皮米量级测量精度的极限挑战，在卫星编队飞行等尖端航天领域中，对激光测距技术的需求也达到了数千米至数百千米范围内纳米量级的测量精度。现有经典的激光绝对距离测量技术已经无法满足上述需求。十多年来，光学频率梳的出现促进了激光绝对距离测量技术的发展，为满足上述需求提供了潜在可能。但现有基于光学频率梳的多波长激光干涉测距方法仍存在难以同步生成多尺度合成波长以兼顾测量范围、速度与精度，现有频率梳模型与生成方法影响测量精度和各梳齿干涉测距相位难以高精度、快速地分离与提取的问题，无法完全满足上述科学与技术领域对绝对距离测量的要求。

本书内容旨在针对上述问题，为激光绝对距离测量技术提出一种具备兼顾大范围、快速和高精度测距潜力，且便于实现量值溯源的多波长激光干涉测量方法，对该方法进行原理分析及实验室条件 20 m 范围的实验验证。研究成果经继续改进及优化，可推广应用于空间引力波探测和卫星编队飞行控制等前沿科学技术领域。

本书主要研究内容如下。

针对现有基于光学频率梳的多波长干涉测距法难以同步生成多尺度合成波长导致测量范围、速度与精度难以兼顾的问题，结合经典多波长激光干涉测距原理和光学频率梳等间隔梳状多光谱的特性，提出了一种基于双光频梳的多波长干涉测距方法。该方法以中心梳齿偏频锁定、梳齿间距稍有不同的双光频梳作为光源，利用其中的众多梳齿同步生成了多个不同尺度的粗测和精测合成波长，对光学频率梳中多梳齿的干涉测距信息进行了融合处理，以此建立了基于双光频梳多波长干涉测距方法的完整理论模型。分析及实验结果表明，该方法可实现大范围、快速、高精度距离测量，对中心

15 条光学频率梳梳齿所生成的第 8 阶合成波长的干涉测距信息进行有机融合,可将距离 20 m 处静止目标 30 min 连续监测过程中测相误差引入的距离测量不确定度从 21.3 μm 减小为 8 μm。

针对现有谐振腔增强相位调制型光学频率梳的梳齿功率模型不精确、频率梳生成腔的稳定控制方法引入附加调制等影响多波长干涉测距精度的问题,通过对激光电场强度的叠加计算建立了该类型光学频率梳的精确梳齿功率模型,仿真分析了模型中各参数对频率梳光谱的影响,在此基础上提出了一种基于 Pound - Drever - Hall 原理的频率梳生成腔腔长稳定控制方法,即通过探测谐振腔反射光中包含的梳齿间干涉信号,利用相位调制信号对其解调得到反馈控制所需的误差信号,并对该方法中误差信号的生成机理进行了深入讨论和完整建模。仿真及实验结果表明,本书提出的光学频率梳精确梳齿功率模型的模型精度比现有近似模型提高了一个数量级,利用上述稳定控制方法可以持续稳定地生成梳齿数量达到 33 条、光谱范围达到 294.4 GHz 的光学频率梳。

针对现有信号探测技术仅能提取特定波长干涉测距信息,易受噪声频谱干扰导致难以高精度、快速分离与提取光学频率梳中各梳齿干涉测距相位的问题,提出了一种基于双光频梳和数字锁相放大的多梳齿测距相位分离与提取方法,该方法利用双声光移频和同步异频驱动技术生成了多波长干涉测距所需的中心梳齿偏频锁定、梳齿间距稍有不同的双光频梳,通过参考原子时间基准的同步异频驱动信号保证了测量结果向米定义的直接溯源,并根据干涉信号频谱特点,利用数字锁相放大探测技术实现了多梳齿测距相位信息的分离与提取。仿真结果表明,利用上述多梳齿测距相位分离与提取方法对中心 15 条梳齿的相位测量误差小于 ±0.01°,相位测量分辨力优于 0.001°。

最后,根据上述内容对基于双光频梳的多波长干涉测距系统进行了优化设计,并针对光学频率梳的稳定控制过程、双光频梳的干涉信号频谱、多梳齿测距相位的分离与提取特性进行了实验验证。在此基础上,结合现有的实验条件测试了所研制的多波长干涉测距系统的稳定性,并参考激光干涉仪对其 20 m 范围内的距离测量不确定度进行了比对测试。实验结果表明，其 30 min 内的测量相对稳定性可达到 4.1×10^{-7}，20 m 范围内的距离测量不确定度小于 10.6 μm，20 μm 距离处的测量相对不确定度达到 5.3×10^{-7}。

本书由以下四个项目资助。

1. 国家自然科学基金青年项目“基于外差双光学频率梳的绝对距离超精密测量方法研究”，项目编号：51605120。

2. 中国博士后科学基金特别资助项目“基于高重频外差双光梳的多波长干涉测距方法研究”，项目编号：2018T110290。

3. 中国博士后科学基金面上项目“用于多波长干涉测距的高重频外差双光频梳生成方法研究”，项目编号：2017M621261。

4. 中央高校基本科研业务费专项资金资助，项目资助编号：HIT.NSRIF. 2020103。

限于作者水平，书中不足之处恳请读者批评指正。

作　者

2020 年 1 月

目　　录

第 1 章　绪论 ………………………………………………………………… 1
1.1　研究目的和意义 ……………………………………………………… 1
1.2　针对卫星编队飞行的星间测距技术需求及研究现状分析 …… 3
1.3　激光绝对距离测量技术的研究现状 ……………………………… 5
1.4　本书的主要研究内容 ……………………………………………… 24
第 2 章　基于双光频梳的多波长干涉测距技术原理简介 ……………… 26
2.1　引言 …………………………………………………………………… 26
2.2　经典的多波长激光干涉测距特性分析 …………………………… 27
2.3　基于双光频梳的多波长干涉测距方法 …………………………… 34
2.4　本章小结 …………………………………………………………… 44
第 3 章　基于谐振腔增强相位调制效应的光学频率梳生成技术 ……… 45
3.1　引言 …………………………………………………………………… 45
3.2　基于谐振腔增强相位调制效应的光学频率梳生成方法 ……… 46
3.3　基于 Pound - Drever - Hall 原理的光学频率梳稳定控制方法 … 59
3.4　本章小结 …………………………………………………………… 67
第 4 章　多波长干涉测距相位信息提取技术 …………………………… 69
4.1　引言 …………………………………………………………………… 69
4.2　基于双声光移频和同步异频驱动的双光频梳生成 ……………… 70
4.3　基于数字锁相放大探测的多梳齿测距相位分离与提取方法…… 76
4.4　本章小结 …………………………………………………………… 82
第 5 章　测量系统设计与实验 …………………………………………… 84
5.1　引言 …………………………………………………………………… 84
5.2　基于双光频梳的多波长干涉测距系统设计 ……………………… 84

5.3 测量系统特性测试实验 …… 91
5.4 基于双光频梳的多波长干涉测距实验 …… 97
5.5 本章小结 …… 105
结论 …… 107
参考文献 …… 110

第1章　绪　　论

1.1　研究目的和意义

随着科学技术的进步,人类对于大范围、快速、高精度绝对距离信息的需求日益提升。现有的距离测量极限要求由引力波探测领域提出,其要求在数百万千米范围内实现十皮米量级的测量精度[1-4]。基于激光的绝对距离测量技术具有可测范围大、测量精度高、可直接溯源、非接触测量等优点,在前沿科学研究和尖端航空航天技术等关键领域中发挥着重要作用,一直是世界各国投入大量资源优先发展的关键技术[5-8]。而光学频率梳因其时域表现为超短激光脉冲序列、频域表现为梳状等间隔多光谱的特性,自诞生之日起就为激光绝对距离测量技术的进一步发展提供了无限可能[9-11],基于光学频率梳的绝对距离测量技术也成为当前绝对距离测量的重要发展方向[12-14]。

作为当今世界上极为重大的基础科学研究项目之一,人类对引力波(Gravitational Wave)的认识和探究始于1916年。爱因斯坦根据他的广义相对论大胆地预测了一种时空曲率中以波的形式从射源向外传播的扰动,并预测这种波会以引力辐射的形式传递能量[15-17]。如果这种引力波得到实验的验证,经典物理学中的牛顿引力理论将被强烈冲击,而宇宙大爆炸理论将获得最直接的证据,进而彻底改变人类对于世界的认识[18,19],*Nature* 杂志将对引力波的研究列入"2015年最值得期待的十项科学研究"[20]。为实现对引力波的直接探测,对爱因斯坦提出的预测进行有效验证,美国国家航空航天局(National Aeronautics and Space Administration,NASA)和欧洲空间局(European Space Agency,ESA)提出了激光干涉空间天线项目(Laser Interferometer Space Antenna,LISA)。该项目计划将三个相同的航天器发射到日心轨道，三个航天器构成边长为 5×10^6 km 的等边三角形，每个航天器内部都将放置一个相同的基准质量块。当引力波经过这些航天器时，这些基准质量块之间将产生微小的位移，利用激光干涉测量的方法得到该微位移值即可对经过航天器的引力波进行解算[1,4,21-24]。虽然该项目的核心为极高精度的激光干涉微位移探测而非绝对距离测量，但在三个航天器编队之初，仍需要高精度的激光绝对距离测量技术进行辅助。目前 NASA 尚未提供航天器编队所需的互定位精度指标，但 5×10^6 km 的星间距离仍向激光绝对距离测量技术提出了测量范围的极限挑战，整合高精度微位移探测能力的激光绝对距离测量技术更是当前研究的热点方向之一。

在尖端航天领域中，卫星编队飞行技术是当前最具前沿性和战略性的课题。通过多颗质量轻、体积小、成本低、功耗低的小卫星在空间灵活的编队飞行和协同工作，能够实现比单星系统性能更高、成本更低的空间探测功能，完成科学研究、遥感测绘及军事探测等诸多关系国计民生的重要任务[25-28]。新一代的高精度卫星编队飞行对未来星间基线长度的测量技术提出了数千米至数百千米测量范围、纳米量级测量精度、数千至数万次每秒数据更新率的要求。2002 年，美国国家航空航天局和德国航天中心(German Aerospace Center，GAC）联合实施了重力恢复和气候实验项目(Gravity Recovery And Climate Experiment，GRACE)。该项目利用两颗相距约为 220 km 的卫星测量地球的重力场分布，项目使用微波测距技术使得对卫星间距测量的精度达到 10 m[29-31]。但由于该项目中两个卫星呈宽编队飞行，卫星间距的变化范围达到数十千米而没有进行实时精确控制，这在很大程度上限制了地球重力场测量精度的进一步提升，因此美国国家航空航天局在 GRACE 的后续项目 GRACE Follow-On 中计划使用测量精度更高、数据刷新更快的激光干涉测量技术替代微波测距技术进行星间距离测量[32-34]。2006 年，欧洲空间局提出了世界上首个基于高精度激光绝对距离测量技术的微小卫星紧密编队飞行项目 PROBA-3。该项目计划令相距 150 m 的两颗小卫星以毫米甚至亚毫米互定位精度紧密编队飞行，这就要求其中的星间激光测距技术达到更高一个数量级的测量精度和上千次每秒的数据更新率[35-38]。

虽然上述星基引力波探测和卫星编队飞行项目中的卫星间距达到数百米至数百万千米,但为保证在太空高真空、微重力恶劣环境下其各自星间测距方案的有效及可靠,通常都需要在地面模拟的太空环境中进行仿真测试实验。目前,世界上最大的太空环境地面模拟装置是美国国家航空航天局建成的空间动力装置(Space Power Facility,SPF),其高度达到37.2 m,直径达到30.5 m[39]。受限于该真空室的尺寸,即使使用折叠光路的结构,星间测距的地面仿真实验也只能在数十米至数百米范围内进行。因此,综合考虑现有的实验条件与设备,进行数十米范围内绝对距离测量方法的研究对于上述引力波探测和卫星编队飞行技术的进一步发展来说仍具有重要意义。

本书来源于欧洲计量合作项目“大范围距离测量的计量研究”(Metrology for Long Distance Surveying,EURAMET JRP SIB60),旨在针对前沿科学研究和尖端航天科技的需求,探索一种基于光学频率梳的新型绝对距离测量方法,对其中基于双光频梳的多波长干涉测距机理、谐振腔增强相位调制型光学频率梳发生方法和高精度多波长干涉测距信息提取技术等若干重要科学问题和关键技术进行深入的理论分析,利用现有实验条件进行20 m范围内的距离测量验证实验,为所需的大范围、快速、高精度距离测量探索一种新的可行方法。本书的研究将为我国在激光绝对距离测量领域提供坚实的理论基础和技术储备,该研究成果将对推动尖端国防科技和高端超精密制造业的进步发挥重要的作用。

1.2　针对卫星编队飞行的星间测距技术需求及研究现状分析

星基引力波探测技术依赖于三颗探测卫星的高精度星间测距,这三颗探测卫星在日心轨道上以编队飞行的方式运行。现有的卫星编队飞行技术通常以10 km为界限,分为大范围与小范围卫星编队飞行两种类型[40]。其中,大范围卫星编队飞行以激光干涉空间天线项目、重力恢复和气候实验项目为代表,主要目的是通过对卫星间距的高精度测量实现对引力波或地球重力场的精密探测;而小范围卫星编队飞行的主要目的是通过多颗小卫星对目标的联合测量,实现对单个大型探测卫星的替代,从而简化单个卫星结构,降低技术难度和研制成本。因此,小范围卫星编队飞行对于实现对地观测和遥感、新型星基天文望远镜来说具有重要意义,其具有代表性的项目包括德国的 SAR - Lupe 军事侦察卫星系统[41]、欧洲的 X 射线演变宇宙光谱仪(X - ray Evolving Universe Spectroscopy,XEUS)[42,43]等。

根据卫星编队飞行的间距控制精度,其可以分为宽编队飞行和紧编队飞行两种类型。其中,宽编队飞行的实现通常基于卫星的轨道设计,编队飞行的各个小卫星呈被动编队状态,其相互之间的距离在一定范围内不断变化。以重力恢复和气候实验项目为例,其双星编队的距离在 170 ~ 270 km 范围内变化,为保证其编队飞行状态,需要不定期地对双星轨道进行微调[32]。虽然其双星间距存在快速变化,但由于不需要对其进行快速精确反馈控制,因此卫星宽编队飞行通常不会对星间测距技术的数据更新率有很高要求。GRACE 项目中使用 K 波段的微波信号进行星间距离测量,其数据更新率为 10 Hz[44]。而对于紧编队飞行来说,要实现米量级甚至毫米量级的卫星间距控制,对星间距离进行快速、高精度的实时测量必不可少。作为世界上首个高精度卫星紧编队飞行项目,欧洲空间局的 PROBA - 3 项目计划实现相距 150 m 的双星星间距离控制精度达到 ±70 mm[45],双星相互运动速度控制在 20 mm/s 以内[37]。为实现上述精度的双星状态控制,PROBA - 3 项目综合使用了全球定位系统(Global Positioning System,GPS)和激光测距系统对星间距离进行测量,并采用十毫牛量级的气体推进器对星间距离进行精密控制。

目前最为常用的星间距离测量方法包括基于 GPS 的星间测距法、基于微波信号的星间测距法和基于激光的星间测距法。基于 GPS 的星间测距法借助美国国防部部署的 24 颗测距测时导航卫星系统,通过星载 GPS 接收机对卫星的位置和速度进行测量。该方法测量范围大,但测量精度较差。2003 年,美国科学家 F. D. Busse 在其博士毕业论文中提出了载波差分 GPS(Carrier Differential GPS,CDGPS)的概念,在 1 km 的范围内实现了 1 cm 的定位精度和 0.5 mm/s 的速度测量精度[46],这已经接近该方法的测量极限了。

常用的基于微波信号通信的星间测距法借助伪码测距技术，通过发射并接收带有测距伪随机噪声码（Pseudo - Random Noise Code，PRN）的 K 波段或者 S 波段微波信号，对其解调并计算载波相位整周期数得到精确的星间距离。2003 年，美国科学家 J. Y. Tien 等研制了自主编队飞行传感器（Autonomous Formation Flying Sensor，AFF），利用该星间测距装置可实现优于 2 cm 的距离测量不确定度和优于 1 arcmin 的角度测量不确定度[47,48]。基于微波信号通信的星间测距法作用距离远、信号覆盖面大，但无线电波发散角过大会导致信号噪声比下降，同时其距离测量精度仍无法突破毫米量级。

基于激光的星间测距法包含相干与非相干测量方案。2008 年，哈尔滨工业大学的刘思远提出了一种基于有源协作非相干调制波相位测量原理的星间测距方法，利用有源协作激光发射端与接收端实现了大范围高信噪比信号探测，最终可对初速度为 20 m/s、加速度为 4 m/s^2 的运动目标进行精度优于 ±0.2 mm的距离测量[49]。另外，根据 B. S. Sheard 等于 2012 年发表的论文可知，GRACE Follow - On 项目计划采用 1 064 nm 波长、25 mW 总功率的激光光源配合激光干涉测量系统进行 270 km 范围的距离测量，其设计的光斑直径为 8 mm，束腰半径为 2.5 mm，同样采用有源协作的方式进行测量[32]。基于激光的星间测距法理论上可以实现纳米量级甚至皮米量级测量精度，但其实现难点在于测距光束方向的精确调节、光束发散角的抑制及激光功率的优化选择。

综上所述，在现有的星间测距技术中，基于 GPS 和基于微波信号的星间测距法虽然测量范围大，但测量精度难以突破毫米量级，因此无法适用于未来的高精度卫星紧编队飞行条件，而基于激光的星间测距技术则潜力巨大。

1.3 激光绝对距离测量技术的研究现状

1887 年，美国物理学家迈克尔逊与莫雷共同发明了迈克尔逊干涉仪，人类以此架起了通往亚微米量级甚至纳米量级世界的桥梁[50]。现在，以激光干涉仪为代表的激光相对位移测量技术已经在超精密加工及探测领域得到了极为广泛的应用。但由于该技术仅可测量相对位移而无法获取目标的距离信息,同时为保证连续测量的精度,要求目标必须沿固定导轨移动且光路必须不能被中断,因此无法满足所有高精度尺寸测量的需求。为此,激光绝对距离测量技术应运而生,其理论基础来源于20世纪70年代末期提出的小数重合测量原理,并随着激光技术的不断发展成熟而逐步得到广泛应用。20世纪90年代末期诞生的光学频率梳因其时域呈激光脉冲序列、频域呈梳状等间隔多光谱的特性,进一步推动了激光绝对距离测量技术的发展。本节将首先简要介绍几种经典的激光绝对距离测量方法,主要目的在于说明其核心原理,然后着重介绍国内外最先进的基于光学频率梳绝对距离测量技术的研究现状。

1.3.1 经典的激光绝对距离测量方法

根据是否基于光学干涉原理,几种经典的激光绝对距离测量方法可以分为激光非干涉测距法和激光干涉测距法两大类。其中,激光非干涉测距法主要包括飞行时间测距法和调制波相位测距法。

1. 激光非干涉测距法

(1)飞行时间测距法。

飞行时间测距法(Time - of - Flight,TOF)对于距离的测量基于光速恒定这一前提条件,通过测量脉冲形式光信号从发射到反射接收的时间间隔实现对待测距离的解算[51,52]。该方法适用于卫星高度测量或星间距离测量等超大尺度距离测量条件,但受限于电子测量器件的响应速度和激光脉冲的宽度,在光学频率梳诞生之前,该方法的测量分辨力只能达到几毫米,因此应用范围受到极大限制[53-55]。

(2)调制波相位测距法。

调制波相位测距法又称电子测距法(Electronic Distance Measurement,EDM),以某确定频率对激光光源进行强度调制,通过测量发射与返回调制波的相位差值计算被测距离[56-59]。针对相位测量结果范围仅为0~2π而无法获知2π整数倍的问题,使用多个频率的信号对激光强度进行调制,利用对应不同波长的电子信号充当距离测尺,实现不同范围内的绝对距离测量。该方法受测相精度和调制频率上限的限制,测量精度最高仅能达到几十微米量级,目前广泛应用于激光全站仪及经纬仪等地理测绘仪器中[60-62]。这种多测尺联合使用的概念极大地拓宽了进行绝对距离测量可选用的技术路线，对促进其他激光绝对距离测量方法的诞生起到了重要的作用。

2. 激光干涉测距法

激光干涉测距法主要包括扫频干涉测距法和多波长干涉测距法，另外还有众多基于这两种测量原理的改进及混合方法。由于现有的激光干涉测相技术只能得到 $0 \sim 2\pi$ 范围内的相位值，且激光往复传播两次经过待测距离，相当于只能测量 $\lambda/2$ 范围内的距离变化，因此更大范围的待测距离将因无法确定相位的 2π 倍数而使测量结果不确定。这个 $\lambda/2$ 范围通常称为激光绝对距离测量的不模糊范围。因此，要使基于激光干涉原理的绝对距离测量得到广泛应用，首先要解决的问题是如何将距离的可测范围（或不模糊范围）扩大到各领域应用所需的毫米量级、米量级甚至千米量级。针对这一问题，扫频干涉测距法和多波长干涉测距法选取了不同的技术路线。

（1）扫频干涉测距法。

扫频干涉测距法（Frequency Scanning Interferometry，FSI）随着可调谐激光器的发明而由日本科学家 Hisao Kikuta 等于 1986 年首先提出[63]。针对上述相位测量无法获取整数倍 2π 信息的问题，该方法继续借助传统的干涉测相技术，通过扫描激光器的频率（波长）同时连续监测未知距离所对应的相位信息，利用扫频范围与相位变化范围的比值对固定的未知距离进行测量解算[64-68]。目前该方法已经能在实验室条件下，在 0.1 m 范围内达到 50 nm 测量重复度[69]，甚至可以实现 20 m 范围内相对不确定度为 4.1×10^{-7} 的绝对距离测量[70]。但该方法的扫频测量特性从原理上限制了其测量速度，目前普遍只能达到 20 ~ 50 Hz 的数据更新率。另外，如何高精度的同步测量扫频范围和相位变化范围也是该方法需要进一步改进的关键技术问题。

（2）多波长干涉测距法。

多波长干涉测距法（Multi - Wavelength Interferometry，MWI）始于 20 世纪 70 年代初美国科学家 J. C. Wyant 及 C. Polhemus 等进行的双波长干涉试验[71-73]。在此期间，合成波长（又称等价波长）的概念从微波领域拓展到了光学领域，并对激光绝对距离测量技术产生了深远的影响。针对之前所述有限的不模糊范围，该方法使用两束波长不同的激光对未知距离同时进行干涉测量,分别得到两波长激光对应未知距离的相位信息。利用两波长乘积除以两波长之差得到对应的合成波长,由上述计算过程可知,该合成波长可以达到米量级甚至千米量级。若将该合成波长视作测距波长,则其对应未知距离的相位信息为原有两波长的测距相位之差,以此可求解未知距离,并将距离测量的不模糊范围扩大到二分之一合成波长,即米量级甚至千米量级。为兼顾测量范围与测量精度,该方法以多测尺思想进一步发展,使用多波长激光同时进行距离测量,生成多级不同尺度的合成波长。其中,最长的合成波长用于实现最大的测量范围,将其得到的测距结果作为较短合成波长的距离参考值,从而对这一级合成波长的测距结果进行解算,依此类推,最终实现利用最大和最小的合成波长进行大范围、高精度的距离测量。为避免不同合成波长测距结果的传递过程影响测距精度,通常要求较长合成波长对应的测距精度优于较短合成波长的四分之一[74]。目前该方法已能够实现20 m范围内精度高达 12 μm 的绝对距离测量,被认为是当前最可靠、最具潜力的激光绝对距离测量方法[74-78]。但该方法需要多个波长的激光,对于常用的激光光源来说,这意味着需要多台激光光源。考虑到每台激光光源都需要各自的激光稳频装置,同时多束激光需要高精度的光学合束,整套激光绝对距离测量系统结构较为复杂,系统的可靠性和精度必然受到一定程度的影响。

综上所述,现有基于传统激光光源的绝对距离测量方法难以满足前沿科学研究、尖端航天与国防科技和新型超精密制造业对于绝对距离测量的需求,这已经成为制约相关领域发展的瓶颈因素。

1.3.2 基于光学频率梳的绝对距离测量技术研究现状

光学频率梳的概念于 20 世纪 70 年代被提出,最初的需求源自实现更高精度的时间基准——光钟。在实现光钟的过程中,如何高精度地实现光学频率与微波频率的直接连接是无法回避的关键技术难题。频率链系统曾是唯一的选择,但由于其结构过于复杂,且多级频率转化过程中累积的误差极大限制了系统的精度,因此该方法注定不能作为最终的解决方案。针对这一问题,德国科学家 T. W. Hänsch 首先提出了使用光谱为宽域光学频率梳的超短激光脉冲作为连接光学频率与微波频率的桥梁,并实现了基于同步抽运染料激光的皮秒激光脉冲,其对应的光学频率梳频谱宽度达到500 GHz[79]。但要实现光学频率与微波频率的高精度连接,必须以微波频率基准为参考对光学频率梳的梳齿间距和偏置频率进行高精度控制。经过十几年的深入研究,美国科学家 J. L. Hall 及其研究组最终利用光子晶体光纤(Photonic Crystal Fibers,PCF)实现了光学频率梳的自参考稳频,彻底攻克了这一技术难题[9]。T. W. Hänsch 教授和 J. L. Hall 教授因其对光学频率梳发展的突出贡献而最终共同获得了 2005 年诺贝尔物理学奖。

光学频率梳的时域与频域信号形式如图 1-1 所示,光学频率梳在时域中表现为超短激光脉冲序列,现有商品化的飞秒激光频率梳光源已经能够提供短至几飞秒的激光脉冲。这些超短脉冲激光序列为人类开启了超快物理与超快化学领域的大门,直接刺激了新一代飞行时间激光测距方法的诞生。而在频域中,光学频率梳呈梳状等间隔的多光谱,其频谱间隔通常属于微波频段(50 MHz ~ 10 GHz)。将光学频率梳的梳齿间距锁定至某微波基准,再利用 J. L. Hall 提出的自参考干涉方法对光学频率梳的偏置频率进行

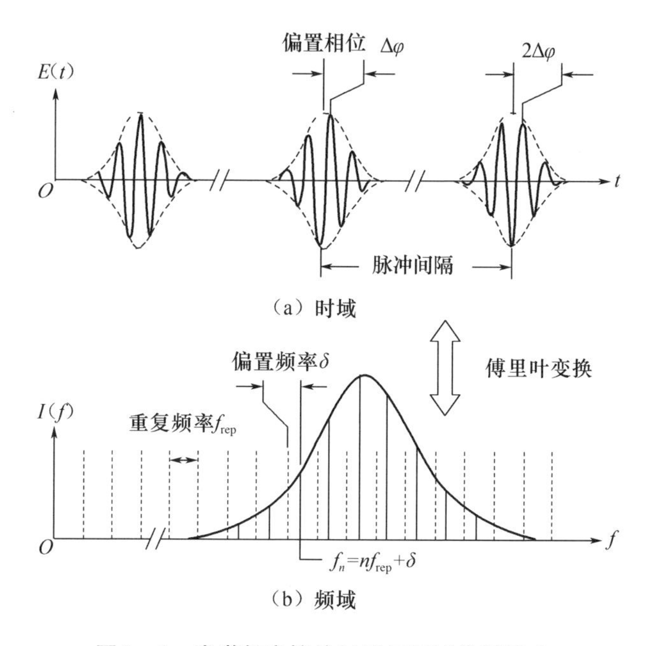

图 1-1 光学频率梳的时域与频域信号形式

稳频控制,则可对所有频率梳梳齿的频率值进行推算。这种高度精确的光学频谱使得飞秒激光频率梳不仅成为绝对频率测量领域的新宠,还极大地丰富了超精密光谱学、多波长激光干涉测距等领域的研究方法与内容。

应用飞秒激光频率梳进行激光绝对距离测量主要存在以下两方面技术优势。一方面,将飞秒激光频率梳参考时间基准原子钟进行稳频控制后,其可以直接链接时间基准与长度基准,从而实现距离测量结果对米定义的直接溯源;另一方面,飞秒激光频率梳的宽光谱、短脉冲特性为实现新型激光绝对距离测量方法提供了更多可行的技术路线。因此,进入新世纪以来,世界各国都在该领域加大了研究力度。

现有基于光学频率梳的激光测距方案主要可归为两大类。第一类直接利用光学频率梳作为光源进行激光测距,根据提取距离信息的不同方法,这一类激光测距方案还可以进一步细分为频率梳齿间干涉相位测距法、脉冲互相关干涉条纹辨析测距法、频率梳光谱分辨干涉测距法和脉冲飞行时间测距法;第二类激光测距方案根据光学频率梳提供的参考频率,利用其他激光光源实现多波长干涉或波长扫描干涉距离测量。

1. 频率梳齿间干涉相位测距法

2000 年,日本国家计量研究所(National Research Laboratory of Metrology,NRLM)的科学家 K. Minoshima 和 H. Matsumoto 首次实现了基于光学频率梳的绝对距离测量[80]。他们使用的方法称为频率梳齿间干涉相位测距法,该方法的原理与调制波相位测距法相似,通过测量不同频率调制信号对应待测距离的相位值,解算得到待测距离。不同之处在于该方法中各个频率的调制信号由光学频率梳各梳齿间的直接干涉产生。

基于频率梳齿间干涉相位测距法的单色测量系统结构[80]如图 1-2 所示,其用于实现绝对距离的粗测过程与精测过程。粗测的等价波长由所用锁模飞秒光纤激光器相邻梳齿拍频所对应的 50 MHz 干涉信号生成,由此可以计算出粗测等价波长为 6 m,不模糊可测距离为 3 m。而精测的等价波长由相隔 19 阶重复频率的两梳齿拍频产生,其对应精测等价波长约为 300 mm,不模糊可测距离约为 150 mm。在具体的测量过程中,频率梳激光首先被分为两部分:一部分被直接探测得到自干涉粗测和精测等价波长对应的参考相位信息;另一部分经过待测距离后探测得到对应的测量相位信息。选用可滤波的相位计对两部分信号的相位差进行测量,将滤波频率分别设定为频率梳激光重复频率和第19阶重复频率,即可分别测量粗测和精测等价波长对应的相位差,由此计算将得到绝对距离粗测和精测值。将上述粗测及精测结果进行合成,即可得到完整的距离测量结果。本书通过调整光路中的光学延迟线对该方法的测距分辨力进行测试,配合参考激光干涉仪的位移监测,最终验证该方法在240 m范围内的测距分辨力为50 μm。

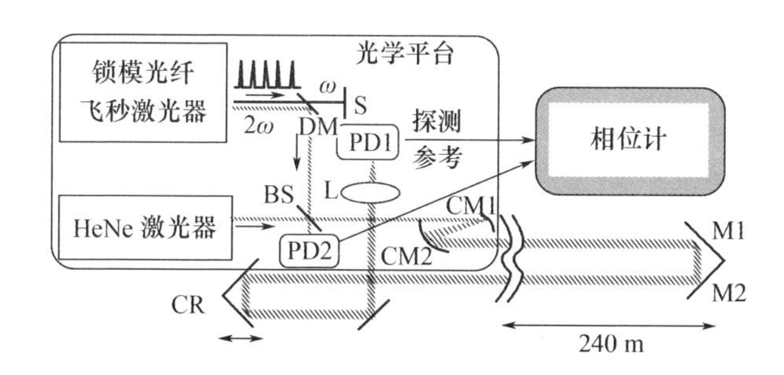

图1-2　基于频率梳齿间干涉相位测距法的单色测量系统结构

而图1-3所示频率梳齿间干涉相位测距法的双色测量系统结构[80]被用于进行空气折射率的测算。根据测量得到780 nm和1 560 nm两个波长激光对应0 m距离和240 m距离的相位值,由此计算得到两个不同波长对应240 m距离的相位差值。该相位差由空气群折射率在两个波长处的不同引入,因此可计算得到这两个波长处空气群折射率的差。根据空气群折射

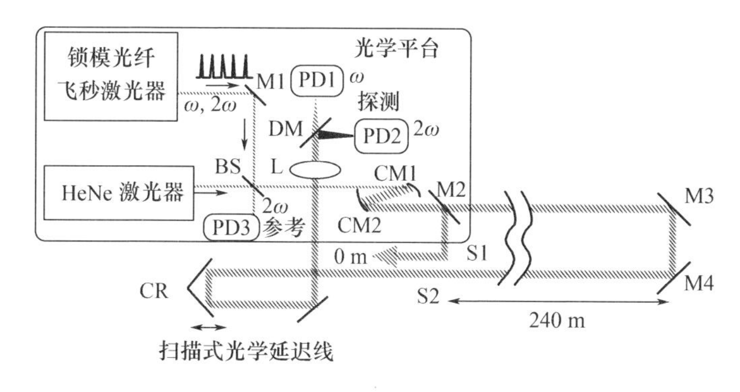

图1-3　频率梳齿间干涉相位测距法的双色测量系统结构

率差值与单点空气群折射率之间的确定关系可计算得到 780 nm 处的空气折射率值。将该实验测得的空气折射率与根据 Edlén 公式计算得到的空气折射率进行比较,证明该方法的空气折射率测量相对精度达到 6×10^{-6}。结合这一误差来源最终实现了对空气折射率的补偿,并证明了使用频率梳齿间干涉相位测距法进行绝对距离测量的精度能够达到 8×10^{-6}。

该方案开启了使用频率梳激光进行绝对距离测量的新领域,但是在其实现过程中直接使用了商业产品级相位计对测距相位进行测量,限制了距离测量精度。同时,本书未考虑测量过程中 19 阶重复频率 0.95 GHz 高频信号存在的相位漂移。事实证明,这将引入相当大的测量误差。

针对上述几项问题,德国联邦物理技术研究院(Physikalisch - Technische Bundesanstalt,PTB)的 Nicolae R. Doloca 和 Karl Meiners - Hagen 等于 2010 年对频率梳齿间干涉相位测距法进行了一系列改进[81]。他们对引起高频信号相位漂移的因素进行了分析,发现其主要来源于环境温度变化及导线应力释放导致的信号线长度变化。为解决此问题,作者在进行绝对距离测量的光路系统中增加了一个固定长度的测量光路,改进的频率梳齿间干涉相位测距光路系统结构[81]如图 1-4 所示。在测量的过程中,首先使用快门 1 隔断参考测量光路,开启快门 2 获取待测距离对应相位信息 Φ_{Meas},再关闭快门 2 隔断实际测量光路,开启快门 1 获取参考测量光路对应

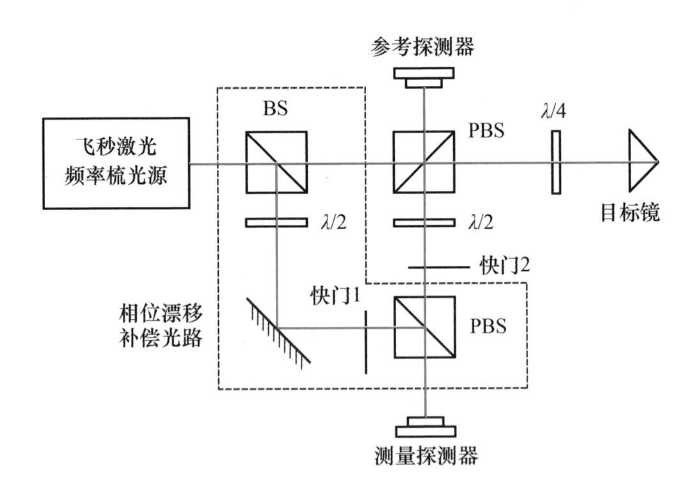

图 1-4 改进的频率梳齿间干涉相位测距光路系统结构

的相位信息 Φ_{Comp}。由于参考测量光路的距离确定，因此采集获取的相位变化完全由信号线长度变化等电路因素引入。根据已经获取的待测距离对应相位信息 Φ_{Meas} 和参考测量光路对应的相位信息 Φ_{Comp} 即可得到待测距离所对应的真实相位值 $\Phi_{\mathrm{Meas}}-\Phi_{\mathrm{Comp}}$，测距系统的长期精度因此得到了较大程度提升。

除此之外，该方案还对粗测与精测环节的信号预处理及相位测量单元进行了优化。改进的频率梳齿间干涉相位测距法粗测及精测相位计算原理[81]如图 1-5 所示，在使用分频器将用于粗测的 100 MHz 低频信号和用于精测的 11.4 GHz 高频信号进行分离后，对其分别采用了不同的方式进行相位提取和测量。对于 11.4 GHz 精测信号，对其带通滤波后直接由 LO 信号混频到较低频率，再送至锁相放大器进行相位测量。而对于100 MHz粗测信号，其在混频滤波以后由 IQ 解调器生成了正交的正弦和余弦信号，用 Heydemann 方法对测量数据进行非线性修正后，才由反正切公式计算相位值。经过上述处理后，非线性误差对测量结果的影响被极大抑制，而锁相放大器的使用保证了高频精测信号的测相精度，最终实现了100 m距离内 ±10 μm精度的绝对距离测量。

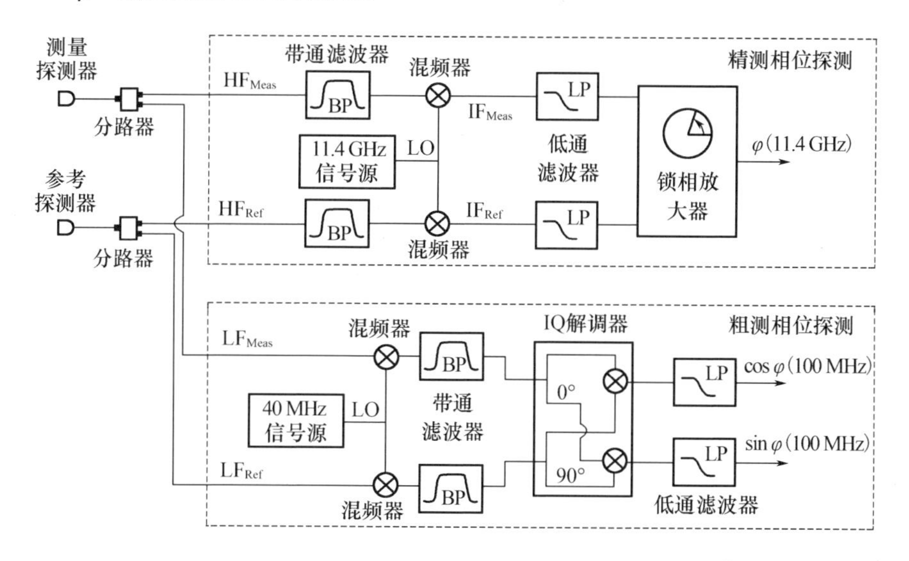

图 1-5 改进的频率梳齿间干涉相位测距法粗测及精测相位计算原理

尽管上述方案对频率梳齿间干涉相位测距法的几个方面进行了重要的改进，抑制了高频信号的相位漂移，提高了粗测和精测的相位测量精度，但由于该方法是基于单个光学频率梳各梳齿之间干涉所生成的等效波长实现距离测量的，因此受最高可测的齿间干涉信号频率限制，该等效波长最小仅能达到厘米量级，对应有限的相位测量精度，该方法的绝对距离测量精度仅能达到微米量级。

2. 脉冲飞行时间与互相关干涉联合测距法

2004 年，美国实验天体物理联合研究所（Joint Institute for Laboratory Astrophysics，JILA）的华人物理学家叶军（Ye Jun）提出了一种结合脉冲飞行时间测距原理和脉冲互相关干涉条纹辨析测距原理的绝对距离测量方法[82]。脉冲飞行时间与互相关干涉联合测距法系统结构[82]如图 1－6 所示。

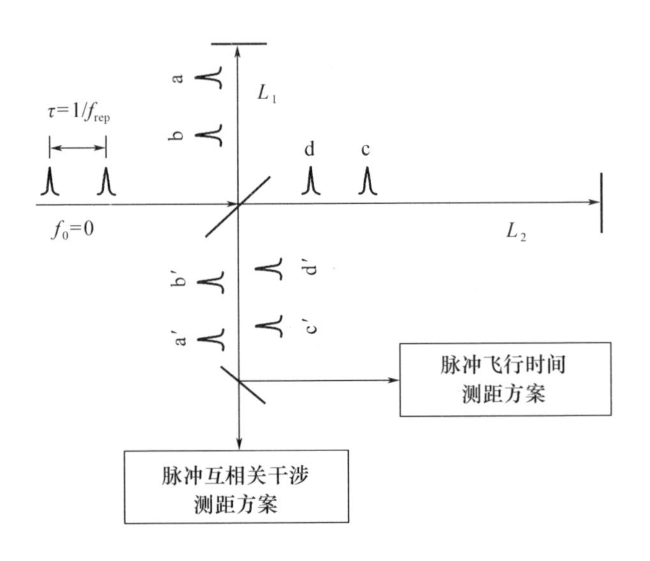

图 1－6　脉冲飞行时间与互相关干涉联合测距法系统结构

对于未知距离的粗测基于脉冲飞行时间测距原理（图 1－7（a）），第一次测量时，频率梳激光的重复频率被设定为 f_{rep1}，对应的脉冲间隔为 τ_1，激光脉冲序列经分光镜分别进入参考臂和测量臂，由终端的反射镜反射后回到分光镜重新合束，到达探测器的延迟时间为 Δt_1，此时对应待测距离 $\Delta L =$

$L_2 - L_1$ 有 $2\Delta L = c(n\tau_1 - \Delta t_1)$，$n$ 为脉冲数；第二次测量时，微量调整重复频率为 f_{rep2}，脉冲间隔相应变为 τ_2，重新测量脉冲序列经参考臂与测量臂的延迟时间为 Δt_2，此时对应待测距离 ΔL 有 $2\Delta L = c(n\tau_2 - \Delta t_2)$。由上述两个公式及已知脉冲间隔 τ_1、τ_2 和时间延迟 Δt_1、Δt_2 即可确定脉冲数 n 及粗测距离值 ΔL。受限于光电传感及信号处理速度，延迟时间测量的分辨力仅能达到 3 ps，对应测距的最高分辨力为 1 mm。

为利用脉冲互相关干涉原理实现对被测距离的精确测量，需要对频率梳激光的重复频率进一步调节使得由参考臂和测量臂反射的两个脉冲相互干涉，此时重复频率被调至 f_{rep3}，脉冲间隔相应变为 τ_3。由图 1－7(b) 可知，对重复频率连续调节将得到两脉冲完全重合的情况，相当于 $\Delta t_3 \approx 0$，此时对应待测距离 ΔL 有 $2\Delta L = cn\tau_3$。由之前已经确定的脉冲数 n 通过精确测量 f_{rep3} 得到 τ_3 即可对待测距离 ΔL 进行精确计算。在实际的测量过程中，为抑制延迟时间测量分辨力对精测过程中确定脉冲序列重合点所带来的误差，精确地确定脉冲重合所对应的重复频率，通常如图 1－7(b) 所示利用脉冲互相关干涉曲线的几个极大值进行曲线拟合，由拟合曲线的最大值作为脉冲完全重合点。最终，本书使用该方法实现了 $10 \sim 10^6$ m 范围内测距分辨力小于一个激光波长。

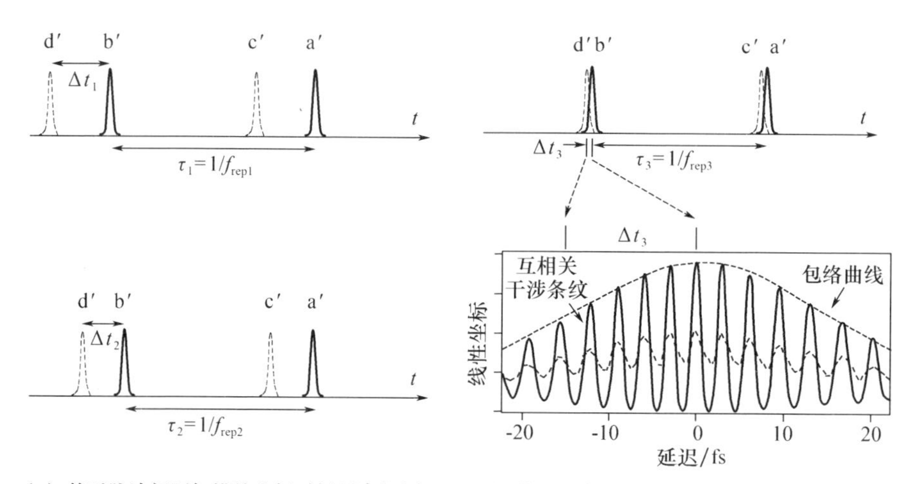

(a) 基于脉冲间隔扫描的飞行时间距离粗测　　(b) 基于脉冲互相关干涉条纹辨析的距离精测

图 1－7　脉冲飞行时间与互相关干涉联合测距法原理简图[51]

该方案的主要不足在于要求对频率梳激光的重复频率进行高精度连续扫描,这延长了测量时间,降低了数据更新率。在进行短距离测量时,更要求对重复频率进行大范围的调节。另外,该方案要求频率梳重复频率的相对稳定度达到 3×10^{-13},要求偏置频率的相位误差小于0.2 rad。而光学频率梳两项频率参数的任何微小变化都将直接降低脉冲干涉信号的强度,进而影响测量精度。最后,该方案并未考虑空气折射率的影响,未考虑激光脉冲在空气中传播的色散与脉冲展宽问题,空气环境测量精度难以保证。

2009年,捷克计量研究院(Czech Metrology Institute,CMI)的Petr Balling和荷兰计量研究院(Van Swinden Laboratory,VSL)的S. A. van den Berg等建立了空气中光学频率梳的脉冲展宽模型,并在该模型基础上利用脉冲互相关干涉条纹辨析法进行了空气环境中的绝对距离测量实验[83],最终在对光学频率梳的波长与光谱进行优化的前提下,实现了空气中近千米范围高于90%的互相关干涉条纹对比度,应用该方法与参考激光干涉仪进行距离测量对比,实验的结果中相对一致性达到 5×10^{-8}。

同年,荷兰代尔夫特理工大学(Technische Universiteit Delft)的M. Cui等对脉冲互相关干涉测距法进行了改进,并同样进行了空气环境中的测量验证实验[84]。他们用在80 μm范围内振荡的测量参考臂代替了对频率梳重复频率的调制,建立了空气中距离测量的模型,验证了空气折射率引起的脉冲展宽效应,测试了脉冲啁啾效应带来的系统误差,通过与参考激光干涉仪的对比测量,得到了50 m范围内2 μm的测量精度。但是,该方法仍然只能对整数倍脉冲间距的待测距离进行测量,要实现对任意距离的测量,必须要对参考反射镜位置进行机械扫描,这在很大程度上限制了该方法的测量速度。

2012年,天津大学的王清月教授课题组发表了基于飞秒激光平衡光学互相关的任意长度绝对距离测量研究成果[85],利用平衡光学互相关技术探测目标与参考的反射脉冲时间差,由平衡互相关电信号反馈控制脉冲间隔,使其精确锁定至被测距离,最终利用该方法实现了52 m范围内12 nm的距离测量精度。

2013 年,天津大学、中国计量科学研究院和中国科学院长春光机所对该方法进行了联合研究[86],搭建了基于改进型 Michelson 干涉原理的任意绝对测长系统,根据同步监测得到的多脉冲序列一阶和二阶互相关信号进行了 0.6 m 范围的绝对距离测量,测量精度达到 ±0.5 μm。

针对上述脉冲互相关干涉条纹解析方案对系统参数扫描才能进行任意距离测量的要求,美国国家标准与技术研究院(National Institute of Standards and Technology,NIST)的 I. Coddington 等于 2009 年在 *Nature Photonics* 上首次报道了基于双光学频率梳的飞行时间与互相关干涉条纹辨析联合测距法[87],基于双光学频率梳的飞行时间与互相关干涉条纹辨析联合测距法的系统结构与互相关干涉条纹图[87]如图 1-8 所示。该方法将一对重复频率稍有不同的光学频率梳作为光源,结合飞行时间法和干涉条纹辨析法实现了对大范围未知距离的精密测量。

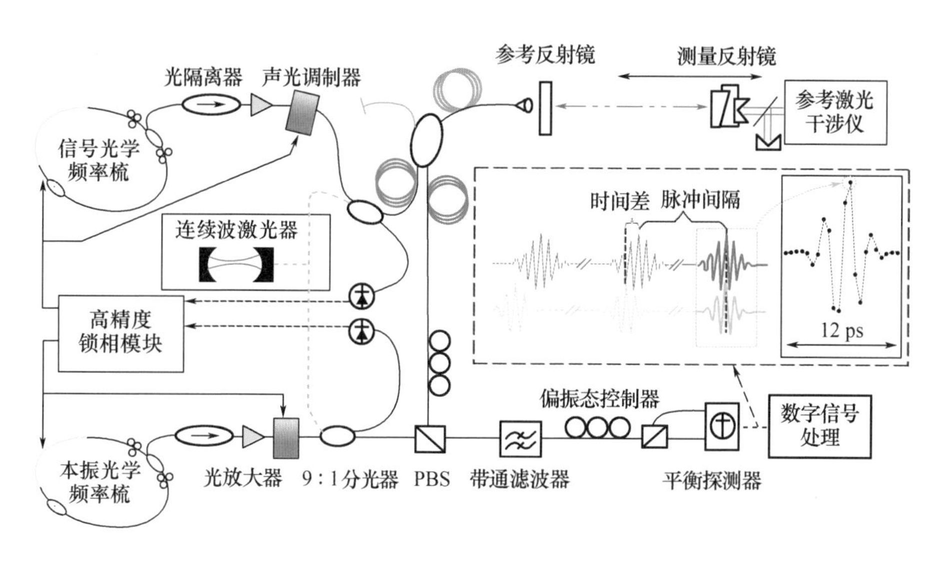

图1-8 基于双光学频率梳的飞行时间与互相关干涉条纹辨析联合测距法的系统结构与互相关干涉条纹图

上述双光学频率梳的应用为飞行时间与互相关干涉条纹辨析测距法带来了重要的改进,主要体现在数据更新速度的大幅提升。利用两个重复频率稍有不同的光学频率梳,光学脉冲的间隔会发生周期性变化,测距系统不再需要进行任何机械或者电学扫描,一次距离测量的时间被压缩至200 μs。但是需要注意的是,该系统的测距相位提取过程基于傅里叶频谱分析方法,该方法需要对干涉信号全频谱进行处理,而无法对特定信号频谱进行分析计算,这对干涉信号的信噪比提出了极高的要求。另外,该系统最初的模糊范围只有 1.5 m,为扩大模糊范围到 30 km,必须交换两个飞秒激光器信号源和本地振荡源的角色重新测量距离,测量过程较为烦琐。

3. 频率梳光谱分辨干涉测距法

韩国科学技术院(Korea Advanced Institute of Science and Technology, KAIST)的科学家 K. N. Joo 和 S. W. Kim 等于 2006 年提出了频率梳光谱分辨干涉测距法[88]。频率梳光谱分辨干涉测距法原理图[88]如图 1-9 所示,距离测量的基本光路采用迈克尔逊干涉仪结构。

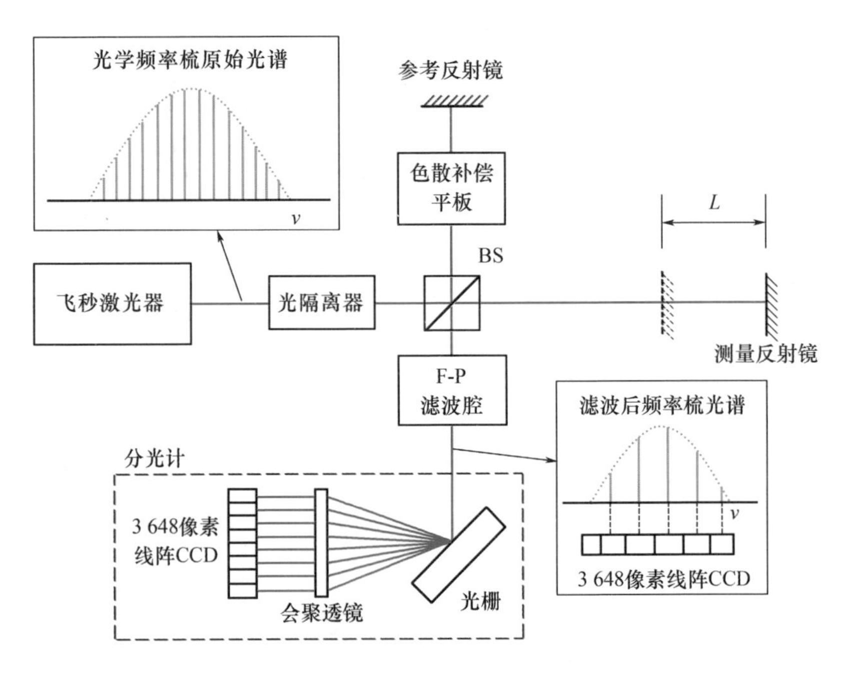

图 1-9 频率梳光谱分辨干涉测距法原理图

在信号处理环节,针对难以分辨的频率梳多梳齿密集光谱,首先利用 F-P(Fabry-Perot)滤波腔进行光学滤波。能够透射的光学频率梳只包含频率为滤波腔自由光谱范围(Free Spectral Range, FSR)整数倍的梳齿,这极大地增加了频率梳剩余梳齿的间距。再利用光栅将滤波后频率梳激光中的各频率分量进行空间分离，调整会聚透镜与线阵 CCD（Charge - Coupled Device）的位置，使每一个频率分量分别对应线阵 CCD 的一个像素点，由此实现对光学频率梳特定梳齿对应测距信息的零差干涉探测。在利用已获得信息对距离进行解算的过程中，本书首先分析了参考光与测量光干涉的频谱功率密度信号，通过对其进行快速傅里叶变换（Fast Fourier Transformation，FFT）及滤波实现频谱中测距相位信息的分离，再由逆变换将此相位信息彻底提取，最终计算得到被测距离。本书最终证明其可以测量的最小不模糊长度为 1.46 mm，而测距分辨力可达 7 nm。

2011 年，华中科技大学、中国科学院光电研究院和江西理工大学联合发表了基于该方法的研究成果[89]，使用图 1 - 9 所示的测量装置，将不模糊长度扩展到 5.75 mm，测距分辨力达到 100 nm，最小可测距离为 9 nm。

2015 年，天津大学曲兴华教授课题组发表了相关研究成果[90]，提出一种等效的多波长并行零差干涉方法，仿真结果表明该方法的最大误差为 8.7 nm，分析了基于脉冲啁啾进行距离测量的原理，仿真得到的测距误差为 5.3 nm。

尽管频率梳光谱分辨干涉测距法的测量分辨力极高，可达到纳米量级，但该方法基于零差干涉原理，测量精度受干涉信号强度影响。同时，其测距信息解算过程极其复杂，不仅要求对频谱功率密度进行精密采集，还需要对其进行多次 FFT 变换及逆变换。另外，该方法对 F - P 滤波腔和线 CCD 的定位精度要求极高，任何安装偏差都将引入测量误差，使纳米量级测量精度无法得以保证。

4. 参考光学频率梳的多波长干涉测距法

2006 年，参考光学频率梳的多波长干涉测距法由德国科学家 Nicolas Schuhler 和瑞士科学家 Yves Salvade 等联合实现[91]。参考频率梳的多波长激光光源结构与参考频率梳的多波长干涉测距原理图如图 1 - 10 所示，该方法以光学频率梳作为频率基准，将用于测量的两个激光器分别对其进行偏频锁定，由锁定在不同的梳齿的两测量光生成不同的合成波长，从而实现对待测距离的测量。该方法由多个声光移频器（Acousto - Optic Modulator，

AOM)对激光频率进行偏移,利用外差干涉探测原理采集不同波长所对应的待测距离相位,在很大程度上抑制了强度噪声对测量结果的影响。为验证绝对距离测量的精度,用一套激光干涉仪提供参考位移。

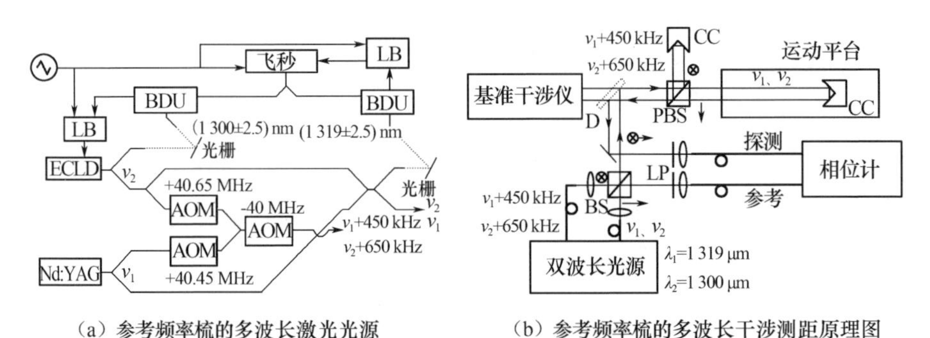

（a）参考频率梳的多波长激光光源　　（b）参考频率梳的多波长干涉测距原理图

图 1-10　参考频率梳的多波长激光光源结构与参考频率梳的多波长干涉测距原理图

参考频率梳激光的多波长激光频率关系示意图[91]如图 1-11 所示,具体使用的频率梳重复频率为 100 MHz,两台测量激光器以 20 MHz 偏频值锁定于相应的频率梳齿,经光谱仪测量发现其频率差约为 3.3 THz。由上述两测量激光生成的合成波长约为 90 μm。通过使用图 1-10(b)所示干涉测距光路与参考干涉仪进行位移比对测量,证明上述合成波长对应的测距精度小于光学波长的四分之一,即应用此合成波长可以对光学波长进行解算,从而使得绝对距离测量精度达到纳米量级。

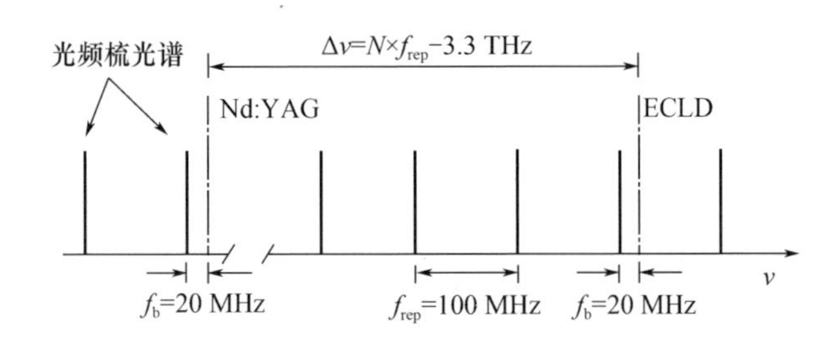

图 1-11　参考频率梳激光的多波长激光频率关系示意图

2012 年,清华大学李岩教授课题组用该方法进行了台阶高度测量研究[92]，使用一台可调谐半导体激光器，以光学频率梳为波长参考进行了5 000 s的连续锁定实验，频率锁定稳定度达到 1.8×10^{-12}，理论的测量不确定度达到7.9 nm。

2014年，国防科技大学的研究人员对参考光学频率梳多波长干涉测距的波长选择及不模糊范围进行了研究[93]，提出了二次合成波长的方法，扩展了不模糊范围并加大了多波长调制的波长间隔，最终仿真验证了五波长干涉系统达到几百毫米的不模糊范围，相对距离分辨力的动态量程达到 10^9 量级。

该参考光学频率梳的多波长干涉测距法与传统的多波长干涉测距方法相比，不再以原子或分子的饱和吸收峰为基准，整个测量系统的结构更加简单。更为重要的是，光学频率梳在参考时间基准进行高精度稳频控制后不再受环境因素影响，其频率稳定性和复现性远高于现有原子或分子饱和吸收频率基准，这对距离测量的持续可复现和高精度溯源来说具有重要意义。但该测距方法难以同步获取合成波长链，为获取多个不同的合成波长，需要对测量激光器进行大范围调频或使用多台激光器，这为测量过程和结果带来其他未知误差来源。

1.3.3 本研究领域存在的重要科学问题和关键技术问题

根据上述分析可知，现有基于光学频率梳的绝对距离测量方法中，频率梳齿间干涉相位测距法的测距等效调制波长由梳齿间干涉信号生成，其绝对距离测量精度受最高可测干涉信号频率和相位测量精度限制；脉冲飞行时间与互相关干涉联合测距法的超高测量分辨力基于对互相关干涉条纹峰值的解析，但这要求对频率梳梳齿间距或者参考臂长度进行扫描以实现脉冲重合，其复杂的测量过程和受限的数据更新率不适于对运动目标进行监测；频率梳光谱分辨干涉测距法利用F-P滤波腔和光栅分离频率梳光谱，由线CCD接收实现多波长干涉测距，但其系统安装精度要求极高，且测量精度受零差探测原理限制；参考光学频率梳的多波长干涉测距法利用多台锁频于频率梳的激光器实现了多波长干涉测距，但其难以同步生成多个尺度的合成波长，因此难以同时兼顾测量范围、速度与精度，且测量精度受复杂系统结构带来的累积误差限制。上述各方法受其测量原理限制,都难以满足未来大范围、快速、高精度绝对距离测量的要求。但在上述方法中,频率梳光谱分辨干涉测距法和参考光学频率梳的多波长干涉测距法分别实现了纳米量级的分辨力与测量精度,这与其多波长干涉测距原理直接相关。由此可以判断,基于光学频率梳的多波长干涉测距是绝对距离测量领域的一个重要发展方向,但目前该研究领域仍存在以下重大的科学与技术难题亟待解决。

1. 现有基于光学频率梳的多波长干涉测距方法难以同步生成多尺度合成波长导致测距范围、速度与精度难以兼顾的问题

多波长干涉测距方法利用各激光波长生成等效的合成波长对不模糊测量范围进行扩展。但由于系统中相对固定的测相精度,因此测距误差随测量范围的增加而变大。为对大范围距离进行高精度测量,常需要利用多个尺度的合成波长对其进行同步测量。其中,最大的合成波长用于进行距离粗测,由此粗测结果对更小的合成波长测距值进行解算,直至解算出进行距离精测的最小合成波长或激光波长。在这一过程中,多尺度合成波长的同步生成至关重要。

对基于传统激光光源的多波长干涉测距方法来说,多尺度合成波长的同步生成需要多台稳频激光器,这导致系统测量精度受激光合束精度、各激光稳频系统精度与一致性、复杂系统结构的累积误差等一系列因素影响,已经难以满足各领域对激光绝对距离测量技术的要求。具备等间隔梳状多光谱的光学频率梳是极为理想的多波长激光光源,但现有基于光学频率梳的多波长干涉测距方法中,频率梳光谱分辨干涉测距法基于零差探测原理,干涉信号信噪比及光源强度波动严重影响测量精度,且多梳齿测距干涉信号的分离与提取受器件安装定位精度限制。参考光学频率梳的多波长测距法使用多台传统激光光源进行实际测距,在难以实现多尺度合成波长同步生成的同时,测量精度仍受激光合束精度和系统累积误差影响。

因此,如何借鉴经典的多波长干涉测距原理,以光学频率梳直接作为距离测量的多波长光源,利用其大量等间隔梳齿同步生成多尺度的合成波长,以此实现大范围、快速、高精度的激光绝对距离测量有待进行深入研究。

2. 现有飞秒脉冲光学频率梳的梳齿数量多、间隔小、单齿功率低导致干涉信号难以提取，谐振腔增强相位调制型光学频率梳梳齿功率模型不精确，稳频方法引入额外调制信号导致测距精度受限的问题

现有光学频率梳的生成方法根据原理可以分为两大类：一类通过压缩激光脉冲宽度，得到大光谱范围（可达 300 nm）、小梳齿间距（约 100 MHz）的光学频率梳，该脉冲压缩型光学频率梳是精密光谱学等领域的理想光源[94-97]，但其梳齿过多过密会导致对应的测距信息难以分离和提取，这类光学频率梳不适于用作多波长干涉测距光源；另一类利用光学谐振腔的选频输出特性，以此增强光学相位调制的边带生成效应，得到梳齿间距与数量可随相位调制频率与强度调节且梳齿功率分布较规律的光学频率梳[98-101]，谐振腔增强相位调制型光学频率梳经优化设计后，可满足多波长干涉测距对频率梳光源的要求。

现有的谐振腔增强相位调制型光学频率梳生成模型由日本东京工业大学的科学家 M. Kourogi 等于 1993 年提出[101]，但其梳齿功率分布模型基于数学近似分析，精度随相位调制系数的增加而下降。更为关键的是，现有频率梳生成腔的腔长控制方法带有附加调制或稳定性差，限制了其在多波长干涉测距领域的应用。其中，基于谐振腔腔长调制的光学频率梳稳定控制方法在干涉测距信号中引入了额外的相位和强度调制，必将给距离测量精度带来影响[102]，而现有基于梳齿拍频相位解调探测的光学频率梳稳定控制方法尚未建立精确的理论模型，且现有方案需分离光学频率梳的一部分用于反馈控制，使可用频率梳的光强被大幅衰减[98]。

因此，针对多波长干涉测距法的需求实现一种谐振腔增强相位调制型光学频率梳生成方法，建立其精确的梳齿功率分布模型，提出高精度光学频率梳稳定控制方法，已成为实现前述基于双光频梳的多波长干涉测距法的重要先决条件。

3. 现有干涉信号相位分离与提取技术难以将光学频率梳中各梳齿的测距相位信息快速、高精度分离与提取的问题

多波长干涉测距要求对各个波长的测距相位信息高精度、快速地分离和提取。对基于传统激光器的多波长干涉测距方法来说，由于其激光波长

相差较大,因此可以直接利用光栅等分光元件对各个波长激光进行空间分离,再分别探测和提取其干涉测距相位信息[77]。但对基于光学频率梳的多波长干涉测距方法来说,光学频率梳中各梳齿的波长间隔仅为 0.01 nm 甚至更小,在有限的实验空间内直接使用分光元件难以对其有效分光。为解决该问题,频率梳光谱分辨干涉测距法利用 F - P 滤波腔提取间隔更大的频率梳梳齿,由光栅对其空间分离后利用线 CCD 进行探测[88]。但该方法的测距相位信息分离方法仍基于光栅的衍射效应,其零差探测原理对滤波腔、光栅和线 CCD 的安装精度和稳定性有极高要求。

相比光学频率梳各梳齿测距信息的分离,其干涉相位的分别探测同样是一大技术难题。传统的数字锁相测量方法仅能对单一已知频率信号进行相位测量,而基于频谱分析的相位测量法对干涉信号的信噪比有较高要求,且其多次傅里叶变换与逆变换过程计算烦琐[88]。

因此,如何针对多波长干涉距离测量需求,对光学频率梳中不同梳齿对应的干涉测距相位信息高精度、快速地分离和提取,是本书内容实现的另一关键性技术难题。

1.4 本书的主要研究内容

本书以前沿科学研究和尖端航天科技的需求为基础,针对现有基于光学频率梳的多波长干涉测距方法存在的难以同步生成多尺度合成波长以兼顾测量范围、速度与精度,现有光学频率梳的梳齿功率模型不精确、频率梳生成腔的稳定控制方法带有附加调制等影响多波长干涉测距精度,现有信号探测技术仅能提取特定波长干涉测距信息、易受噪声频谱干扰导致难以高精度、快速地分离与提取各梳齿干涉测距相位等问题进行深入分析,通过一系列方法和技术创新研究相应的解决方案,旨在为我国的各类尖端科技领域提供一种基于光学频率梳的新型绝对距离测量技术。

本书主要研究内容如下。

(1)针对现有基于光学频率梳的多波长干涉测距方法存在的难以同步生成多尺度合成波长以兼顾测量范围、速度与精度的问题,提出一种基于双光频梳的多波长干涉测距方法。该方法以中心频率偏频锁定、梳齿间距稍有不同的双光频梳为多波长光源,利用多波长干涉测距原理将待测距离信息直接转化为高精度可测的梳齿相位信息,由众多梳齿频谱实现粗测和精测合成波长的同步生成,并对光学频率梳中多梳齿测距信息进行融合处理,根据现有实验条件实现数十米范围内、微米量级不确定度的距离测量。对基于双光频梳的多波长干涉测距系统建立距离测量模型,并在此基础上分析空气折射率变化及相位测量精度对于距离测量精度的影响,为测量系统参数的设计及优化奠定理论基础。

(2)针对现有光学频率梳的梳齿功率模型不精确、频率梳生成腔的稳定控制方法带有附加调制等影响多波长干涉测距精度的问题,通过对激光电场强度的叠加计算建立谐振腔透射光学频率梳的精确模型,对模型中各参数的影响进行仿真分析,在此基础上提出一种基于 Pound - Drever - Hall 原理的谐振腔增强相位调制型光学频率梳生成腔的稳定控制方法,对该方法中误差信号的生成机理进行深入讨论,以实现用于多波长干涉测距的光学频率梳持续稳定生成。

(3)针对现有信号探测技术仅能提取特定波长干涉测距信息、易受噪声频谱干扰导致难以高精度、快速分离与提取梳各梳齿干涉测距相位的问题,提出一种基于双光频梳和数字锁相放大的多梳齿测距相位分离与提取方法,利用双声光移频和同步异频驱动技术生成多波长干涉测距所需的中心梳齿偏频锁定、梳齿间距稍有不同的双光频梳,由参考原子时间基准的同步异频驱动信号保证测量结果向米定义的直接溯源,并根据干涉信号频谱特点,利用数字锁相放大探测技术实现多梳齿干涉测距相位信息的分离与提取,对其中的数字平均低通滤波器特性进行仿真分析,为实现基于双光频梳的多波长干涉测距方法提供快速、高精度的梳齿相位信息分离与提取手段。

在上述研究的基础上,设计并研制基于双光频梳的多波长干涉测距系统,对双光频梳生成单元、干涉测距光梳发射与接收探测单元、多梳齿测距相位分离提取与待测距离结算单元等系统关键单元进行优化设计及测试分析,验证本书所提出的基于双光频梳的多波长干涉测距方法的可行性,同时考查基于该方法测量系统的系统特性和测量效果。

第2章　基于双光频梳的多波长干涉测距技术原理简介

2.1　引　　言

经典的多波长干涉测距方法使用多台分立激光器提供多波长激光,利用所生成的合成波长对可测距离范围进行扩展。若选取的激光波长合适,则理论上可利用粗测合成波长将最大可测距离范围延长至近千米,同时由精测合成波长保证距离测量精度可对激光波长进行辨析,进而实现纳米量级精度的距离测量。对于传统的单波长或双波长激光光源来说,该方法要求距离测量系统中使用多套激光发生及频率稳定装置,还需要对这些激光进行高精度的光学合束与准直,这使其距离测量系统的结构较为复杂,测量结果的精度和可靠性也因此受到极大限制。

作为新一代的激光光源,光学频率梳在频域上表现为梳状等间隔的多光谱,这使得它成为理想的多波长激光光源而无须任何光学合束。更为重要的是,参考时间基准频率源对光学频率梳的重复频率(梳齿间距)和偏置频率(零阶梳齿频率值)进行高精度稳频控制后,光学频率梳具备了传递时间基准——秒的能力。1983 年的第十七届国际度量衡大会(Conference Generale des Poids et Mesures,CGPM)规定国际单位制(SI)中,基本长度单位"米"的定义为"光在真空中行进 1/299 792 458 s 的长度",并将此定义使用至今[103],光学频率梳的上述特性就为直接链接时间基准与长度基准的实现提供了可能,应用光学频率梳进行绝对距离测量的方法更具备了向米定义直接溯源的能力,因此世界各国就基于光学频率梳的绝对距离测量方法进行了广泛而深入的研究。但现有基于光学频率梳的多波长干涉测距方法因难以同步生成多尺度的合成波长而无法在大范围内进行高精度的距离测量。其中,一部分方法受零差探测原理和超高安装精度要求限制,无法抑制环境干扰对合成波长测距信息的影响;另一部分方法仅以光学频率梳为参考,仍使用传统激光器进行测距,多尺度合成波长的生成意味着更高的成本和更复杂的系统结构。这些问题都极大地降低了基于光学频率梳的多波长干涉测距精度和向米定义溯源的能力。

为解决上述问题,本章首先对经典的多波长干涉测距原理进行分析,在此基础上提出一种基于双光频梳的多波长干涉测距方法,对该方法中双光学频率梳频谱的需求进行深入分析,得到待测距离信息直接传递过程的数学模型,进而对基于双光频梳的多波长干涉测距原理进行详尽论述,以达到同步生成多尺度合成波长、实现距离测量结果对米定义直接溯源的目的。

2.2　经典的多波长激光干涉测距特性分析

本节首先对经典的多波长激光干涉测距原理进行深入分析,构建多波长激光外差干涉的测量模型,根据该测量模型,深入分析现有多波长激光外差干涉测距方法的距离测量误差来源。

2.2.1　经典的多波长激光干涉测距原理

零差(Homodyne)和外差(Heterodyne)干涉探测技术是当前激光干涉测量领域中最为常用的两种信号探测与处理技术,二者之间的本质差别在于对测量信息的提取方法。相比于零差干涉探测技术中直接使用源激光作为解调光,外差干涉探测技术中的解调光为频率偏移的源激光,在对携带有距离信息的测量光进行解调后,解调信号的频率为源激光的频率偏移值,属于交流信号分量,这有效地避免了环境光干扰或激光器功率漂移等直流或低频信号分量对于测量结果的影响,提高了信号噪声比,并保证了距离测量精度。

多波长激光外差干涉测距原理图如图2-1所示。以多波长激光λ_1、λ_2和λ_3为例,首先利用外差频率生成单元得到三对频差分别为f_1、f_2和f_3的外差激光信号,其进入干涉测距光路后分别由参考镜和测量镜反射,在光电探测器处发生干涉。由于光电探测器的响应频谱无法达到光学频率，因此得到的外差干涉信号频谱只包含 f_1、f_2 和 f_3 三个分量，使用最基本的带通滤波器即可将三个频率的外差干涉信号分离。多波长激光干涉信号经过分离后，各个波长对应的测距相位信息 φ_1、φ_2 和 φ_3 可经相位测量得到。

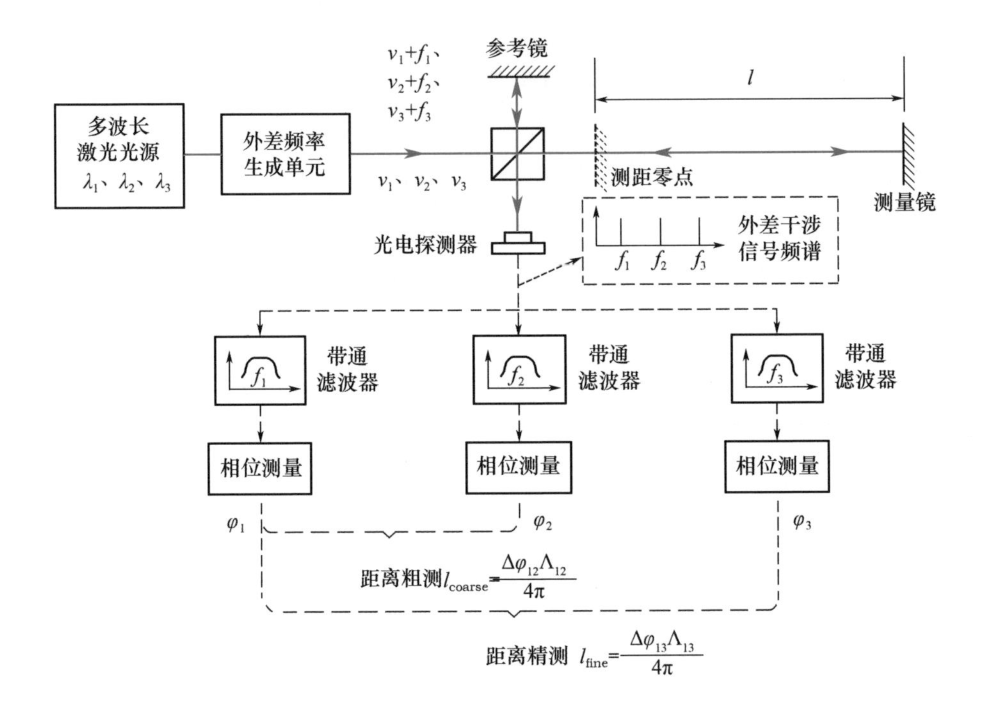

图 2-1 多波长激光外差干涉测距原理图

图 2-1 中虚线形式的反射镜表示参考镜在测量光路中的等价位置，即距离测量系统的零点位置。测量镜到此零点位置的待测距离为 l，根据各个波长激光的传播距离与相位固定关系可得

$$l = \frac{1}{n_1}\left(N_1 \frac{\lambda_1}{2} + \frac{\varphi_1\lambda_1}{4\pi}\right) = \frac{1}{n_2}\left(N_2 \frac{\lambda_2}{2} + \frac{\varphi_2\lambda_2}{4\pi}\right) = \frac{1}{n_3}\left(N_3 \frac{\lambda_3}{2} + \frac{\varphi_3\lambda_3}{4\pi}\right) \tag{2-1}$$

式中 n_1、n_2、n_3——波长 λ_1、λ_2、λ_3 分别对应的空气折射率；

N_1、N_2、N_3——待测距离 l 对应 $\lambda_1/2$、$\lambda_2/2$、$\lambda_3/2$ 的整数倍。

由于现有的测量技术仅能在连续监测的条件下，根据相位的累计变化获取该二分之一光波的整数倍，因此在对待测距离进行单次非连续监测测量时，只能对 $\lambda/2$ 范围内的距离进行精确求解，该范围又称距离测量的不模糊范围。为扩大此不模糊范围，合成波长的概念于 20 世纪 70 年代被提出[71-73]。假定 $\lambda_1<\lambda_2<\lambda_3$，则对应相同的待测距离 l 可知 $\varphi_1>\varphi_2>\varphi_3$。$\varphi_1$ 与 φ_2 的相位差 $\Delta\varphi_{12}$ 和 φ_1 与 φ_3 的相位差 $\Delta\varphi_{13}$ 可以分别表示为

$$\Delta\varphi_{12}=\varphi_1-\varphi_2=\frac{4\pi n_1 l}{\lambda_1}-\frac{4\pi n_2 l}{\lambda_2}=\frac{4\pi n_g l}{\Lambda_{12}} \tag{2-2}$$

$$\Delta\varphi_{13}=\varphi_1-\varphi_3=\frac{4\pi n_1 l}{\lambda_1}-\frac{4\pi n_3 l}{\lambda_3}=\frac{4\pi n_g l}{\Lambda_{13}} \tag{2-3}$$

式中　Λ_{12}——激光波长 λ_1、λ_2 的合成波长；

Λ_{13}——激光波长 λ_1、λ_3 的合成波长；

n_g——激光波长 λ_1、λ_2 和 λ_3 对应的空气群折射率。

若将各波长激光的频率表示为 ν_1、ν_2 和 ν_3（$\nu_1>\nu_2>\nu_3$），则合成波长 Λ_{12} 和 Λ_{13} 可以分别进一步表示为

$$\Lambda_{12}=\frac{\lambda_1\lambda_2}{\lambda_2-\lambda_1}=\frac{c}{\nu_1-\nu_2} \tag{2-4}$$

$$\Lambda_{13}=\frac{\lambda_1\lambda_3}{\lambda_3-\lambda_1}=\frac{c}{\nu_1-\nu_3} \tag{2-5}$$

式中　c——真空中的光速，为物理量常数，$c=299\ 792\ 458$ m/s。

式(2-2)和式(2-3)中的空气群折射率 n_g 可以表示为

$$n_g=n_1-\lambda_1\frac{\partial n}{\partial\lambda_1} \tag{2-6}$$

此时，可以将合成波长 Λ_{12} 和 Λ_{13} 作为距离测量的单位长度，由相位 $\Delta\varphi_{12}$ 和 $\Delta\varphi_{13}$ 对未知距离 l 进行求解，由此将距离测量的不模糊范围分别扩大到 $\Lambda_{12}/2$ 和 $\Lambda_{13}/2$。如果对三个激光的波长（或频率）进行合理的选择，则可以使合成波长 Λ_{12} 达到米量级甚至千米量级，而保证合成波长 Λ_{13} 仅为亚毫米量级甚至更小量级，这样在相位测量精度相同的前提下，利用合成波长 Λ_{12} 对应的较大不模糊范围可进行大量程的距离粗测，而利用合成波长 Λ_{13} 对应的较小不模糊范围进行高精度距离精测。若能将二者相结合，则可实现大范围、高精度的绝对距离测量。粗测和精测得到的距离可以表示为

$$l_{\text{coarse}} = \frac{1}{n_g}\left(N_{\text{coarse}}\frac{\Lambda_{12}}{2} + \frac{\Delta\varphi_{12}\Lambda_{12}}{4\pi}\right) \tag{2-7}$$

$$l_{\text{fine}} = \frac{1}{n_g}\left(N_{\text{fine}}\frac{\Lambda_{13}}{2} + \frac{\Delta\varphi_{13}\Lambda_{13}}{4\pi}\right) \tag{2-8}$$

距离粗测和精测结果的合成过程示意图如图 2 – 2 所示。由距离粗测结果 l_{coarse}为距离精测提供初始距离信息,可以实现对精测过程中 $\Lambda_{13}/2$ 整数倍 N_{fine}的解算,但这一过程要求距离粗测的不确定度 $u(l_{\text{coarse}})$小于四分之一精测合成波长 Λ_{13}[74],即要求

$$u(l_{\text{coarse}}) < \frac{\Lambda_{13}}{4} = \frac{\Lambda_{\text{fine}}}{4} \tag{2-9}$$

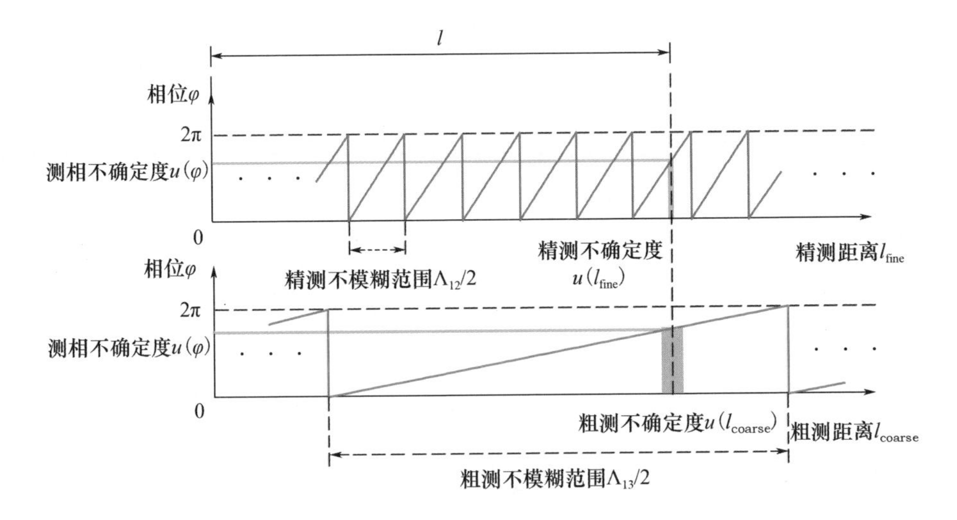

图 2 – 2　距离粗测和精测结果的合成过程示意图

基于相同原理,若能实现距离精测的不确定度 $u(l_{\text{fine}})$小于四分之一光学波长 λ_3,即

$$u(l_{\text{fine}}) < \frac{\lambda_3}{4} \tag{2-10}$$

则可以由距离精测结果 l_{fine}提供初始距离信息,解算出待测距离 l 相对于光学波长 λ_3 的整数倍数,进一步利用光学波长 λ_3 的测距相位信息,则可实现高达毫米量级的距离测量精度。但在现有合成波长生成方法和相位测量精度条件下,多波长干涉测距法的最优测量不确定度仍由距离精测合成波长

提供，纳米量级的绝对距离测量不确定度仍然难以实现。

2.2.2　经典多波长激光外差干涉测距的测量不确定度分析

在能够精确获知待测距离 l 对应 $\Lambda_{13}/2$ 整数倍 N_{fine} 的前提下，待测距离 l 可以表示为

$$l \approx l_{\text{fine}} = \frac{\Delta\varphi_{13}\Lambda_{13}}{4\pi n_g} = \frac{\varphi_1 - \varphi_3}{4\pi n_g}\frac{\lambda_1\lambda_3}{\lambda_3 - \lambda_1} \tag{2-11}$$

由于在相同环境下使用相同原理与结构的相位测量单元对三个波长的激光进行相位测量，因此可以假定相位测量不确定度 $u(\varphi_1)=u(\varphi_2)=u(\varphi_3)$。若同时假定 $\lambda_1 \approx \lambda_3 \approx \lambda$，则根据测量不确定度合成法则，由式(2－11)可得距离结果 l 的测量不确定度 $u(l)$ 表示为

$$\begin{aligned} u^2(l) &= 2\left(\frac{\partial l}{\partial\varphi}u(\varphi)\right)^2 + \left(\frac{\partial l}{\partial n_g}u(n_g)\right)^2 + \left(\frac{\partial l}{\partial\lambda_1}u(\lambda_1)\right)^2 + \left(\frac{\partial l}{\partial\lambda_3}u(\lambda_3)\right)^2 \\ &= 2\left(\frac{\Lambda_{13}}{4\pi n_g}\right)^2 u^2(\varphi) + l^2\left[\left(\frac{u(n_g)}{n_g}\right)^2 + 2\left(\frac{\Lambda_{13}}{\lambda}\right)^2\left(\frac{u(\lambda)}{\lambda}\right)^2\right] \end{aligned} \tag{2-12}$$

由式(2－12)可以清楚地发现，多波长激光外差干涉距离测量的不确定度可以分为两类来源：一类与待测距离无关，这部分主要由相位测量不确定度引入，在测量大范围距离时，该类不确定度来源贡献较小；另一类与待测距离有关，这一部分主要取决于空气折射率的测量不确定度和多波长激光的波长不确定度，随着待测距离的增加，这类不确定度来源的影响将不断增大。

引起相位测量不确定的因素包括测相方法中的原理性误差、有限信号噪声比导致电路噪声引入的测相误差、多波长激光非理想合束带来的余弦误差等多个方面[104－106]。不同合成波长条件下，相位测量不确定度导致的距离测量不确定度仿真曲线如图 2－3 所示。由图 2－3 可以看出，对于相同的相位测量不确定度，使用的合成波长越大，引起的距离测量不确定度越大，这为大范围、高精度距离测量带来了极大限制。通过借助多个不同尺度的合成波长进行联合测距，可以使该问题得到有效抑制。

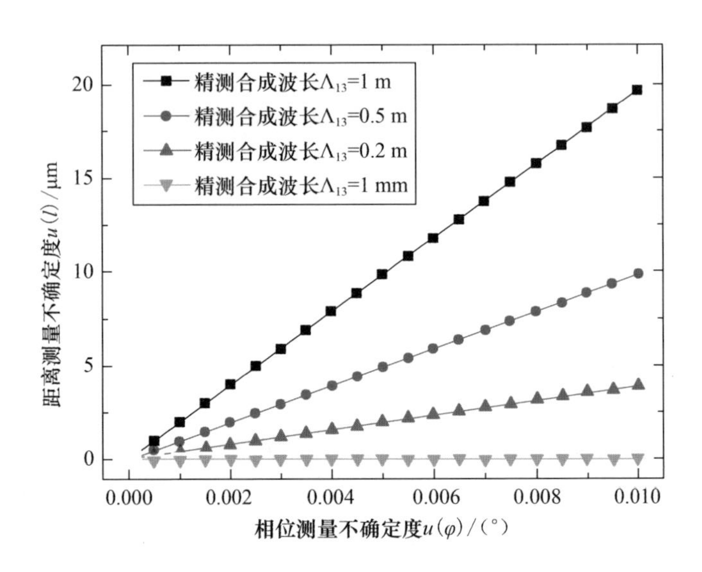

图 2-3　不同合成波长条件下，相位测量不确定度导致的距离测量不确定度仿真曲线

但需要注意的是，对于传统的单波长或者双波长激光光源来说，实现更多尺度的合成波长只有两种途径：第一种途径是利用 1～2 台激光器提供 2～3 个激光波长，通过将激光频率多次调整并稳频到不同参考值实现多尺度合成波长的生成，显然这种方法的距离测量速度受到激光频率调整与稳频过程的极大限制；另一种途径是利用更多激光器提供大量所需的激光波长，但这意味着更高的实现成本、更复杂的测量系统结构，以及由此带来的更多测量不确定度来源。因此，要实现基于多波长激光外差干涉原理的大范围、快速、高精度的绝对距离测量，必须解决多个尺度合成波长的同步生成问题。

空气折射率测量一般通过监测环境参数，如温度、湿度、大气压强和空气中二氧化碳含量，利用 Edlén 经验公式或其改进公式进行计算[107-110]。因此，其测量不确定度来源包括 Edlén 公式自身的模型误差和环境参数的测量误差等方面。不同待测距离条件下，空气折射率测量不确定度导致的距离测量不确定度仿真曲线如图 2-4 所示。由图 2-4 可以看出，对于相同的空气折射率测量相对不确定度，待测距离越长，引起的距离测量不确定度越大。目前已知 Edlén 经验模型在空气中二氧化碳含量为 450×10^{-6}时，其公式不确定度为 3×10^{-8}[110]；当二氧化碳含量偏离 450×10^{-6}时，Edlén 公式需要进行系数为 $1.45\times10^{-10}/10^{-6}$的修正。而对于各种环境参数，温度测量不确定度对于空气折射率不确定度的影响系数为 0.93×10^{-6} ℃$^{-1}$，湿度测量不确定度对于空气折射率不确定度的影响系数为 9.6×10^{-9}/RH 1%，大气压强测量不确定度对于空气折射率不确定度的影响系数为 2.68×10^{-9} Pa^{-1}[110]。由于公式中使用的是空气群折射率，因此还涉及关于激光波长的折射率补偿，这需要对应具体使用的激光波长进行分析计算。

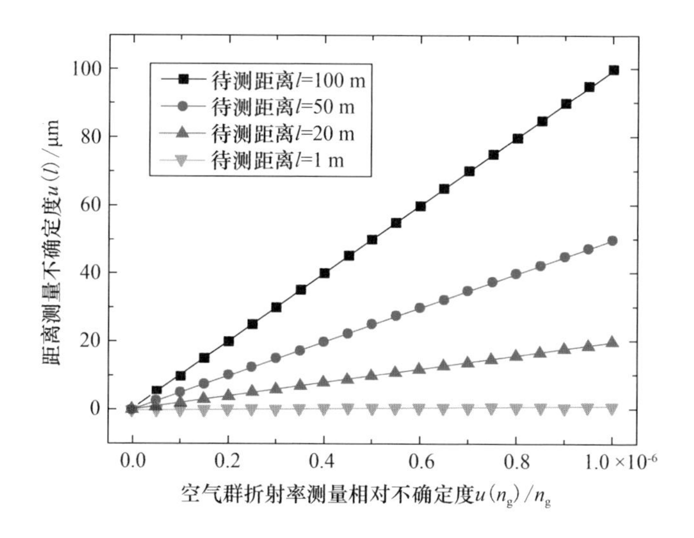

图 2－4　不同待测距离条件下，空气折射率测量不确定度导致的距离测量不确定度仿真曲线

引起多波长激光的波长不确定因素包括激光稳频方法的原理性误差、反馈控制的误差信号生成误差和环境条件如温度、振动等变化引入的稳频误差等多方面。由于公式中相应项不仅涉及待测距离信息，还与合成波长相对光波长的倍数有关，因此以合成波长 Λ 为光波长 λ 的 1 000 倍这种情况为例，不同待测距离条件下，激光波长不确定度导致的距离测量不确定度仿真曲线如图 2－5 所示。由图 2－5 可以看出，对于相同的多波长激光波长相对不确定度，待测距离越长，引起的距离测量不确定度越大。对于使用不同泵浦材料或系统结构的多台激光器作为多波长激光光源的距离测量系统而言,基于现有常用的稳频技术其波长不确定度最高只能达到 10^{-9}[111]。距离测量的不确定度受限于稳频最差的激光器,而多台激光器稳频程度的非一致性更为相应距离测量不确定度带来了累加效应。因此,实现基于多波长激光外差干涉原理的大范围、快速、高精度的绝对距离测量,必须在实现更高激光波长不确定度的前提下解决多个波长激光稳频一致性的问题。

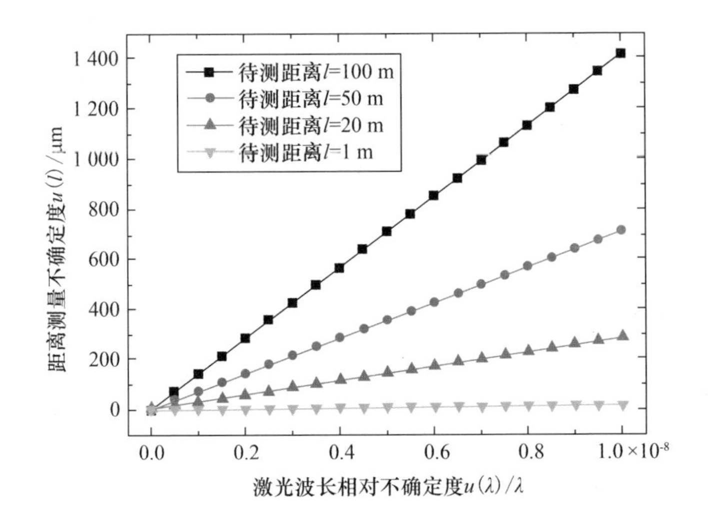

图 2-5　不同待测距离条件下,激光波长不确定度导致的距离测量不确定度仿真曲线

2.3　基于双光频梳的多波长干涉测距方法

针对基于多波长干涉测距原理进行大范围、快速、高精度绝对距离测量过程中提出的多尺度合成波长同步生成、多波长激光高精度与高一致性稳频的要求,本书提出了一种基于双光频梳的多波长干涉测距方法。借助光学频率梳天然的梳状等间隔大范围多光谱,该方法能够有效地实现多个尺度合成波长的同步生成,并以此实现对大范围待测距离信息的快速、高精度直接获取。

2.3.1　基于双光频梳的多波长干涉测距信号频谱分析

根据多波长干涉测距原理，其光源不仅需要提供多波长激光，还需要保证不同波长激光干涉信号处于不同频率，这样才能对多波长激光对应的干涉信号进行外差分离与提取。针对这一要求，本书使用的双光频梳光源具有中心梳齿偏频锁定、梳齿间距稍有不同等特性。

基于双光频梳的多波长干涉测距原理图如图 2-6 所示。多波长干涉激光光源为两束光学频率梳。其中一束作为信号光学频率梳，由 S 表示。假定其中心梳齿频率为 ν_S，相比频率梳源激光频率 ν_0，其中心梳齿的偏频值为 f_{So}，而梳齿间隔频率为 f_{Sr}，则其第 i 阶梳齿的频率为 $f_{Si}=\nu_S+if_{Sr}$。信号光学频率梳分光后一部分作为测量频率梳用来获取待测距离信息，用 Meas 表示；另一部分作为参考频率梳保留参考距离与相位信息，用 Ref 表示。另一束作为本振光学频率梳，由 L 表示。假定其中心梳齿频率为 ν_L，相比频率梳源激光频率 ν_0，其中心梳齿的偏频值为 f_{Lo}，而梳齿间隔频率为 f_{Lr}，则其第 i 阶梳齿的频率为 $f_{Li}=\nu_L+if_{Lr}$。本振光学频率梳为信号光学频率梳提供解调光信号用于生成外差干涉信号，分光为两部分后分别与测量频率梳和参考频率梳干涉。信号与本振光学频率梳的中心梳齿偏置频率为 $f_0=\nu_S-\nu_L$，梳

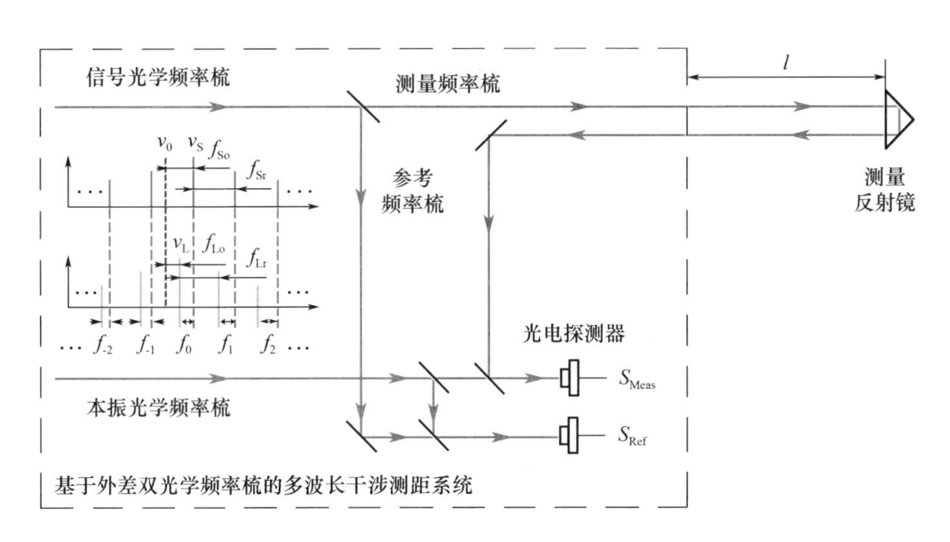

图 2-6　基于双光频梳的多波长干涉测距原理图

齿间距频率差为$f_r = f_{Sr} - f_{Lr}$，最终由光电探测器将上述外差干涉测量和参考光信号转换为测量和参考电信号S_{Meas}和S_{Ref}。

双光频梳的光谱如图2－7所示。信号光学频率梳和参考光学频率梳的激光电场强度$E_S(t)$和$E_L(t)$可以表示为

$$E_S(t) = \sum_i \cos[2\pi(\nu_S + if_{Sr})t] \tag{2－13}$$

$$E_L(t) = \sum_i \cos[2\pi(\nu_L + if_{Lr})t] \tag{2－14}$$

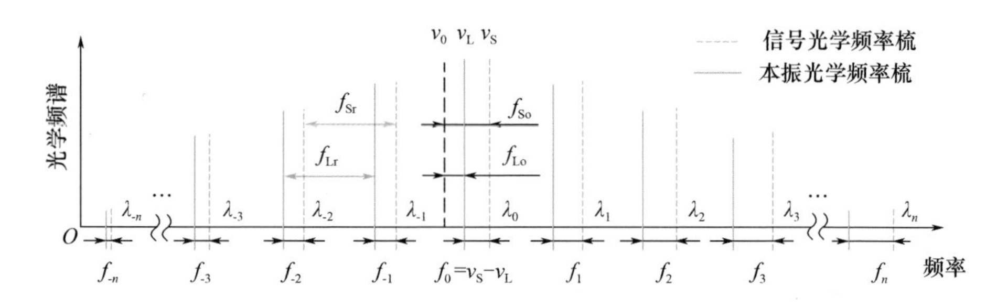

图2－7　双光频梳的光谱

信号光学频率梳被分为测量频率梳和参考频率梳后，其分别通过测量距离l_{Meas}和参考距离l_{Ref}最终到达光电探测器处。测量和参考频率梳的激光电场强度$E_{Meas}(t)$和$E_{Ref}(t)$可分别表示为

$$\begin{aligned} E_{Meas}(t) &= \sum_i \cos[2\pi(\nu_S + if_{Sr})t + \varphi_{Mi}] + \sum_i \cos[2\pi(\nu_L + if_{Lr})t] \\ &= 2\sum_i \cos\frac{2\pi(f_0 + if_r)t + \varphi_{Mi}}{2}\cos\frac{2\pi[(\nu_S + \nu_L) + i(f_{Sr} + f_{Lr})]t + \varphi_{Mi}}{2} \end{aligned} \tag{2－15}$$

$$\begin{aligned} E_{Ref}(t) &= \sum_i \cos 2\pi(\nu_S + if_{Sr})t + \varphi_{Ri} + \sum_i \cos[2\pi(\nu_L + if_{Lr})t] \\ &= 2\sum_i \cos\frac{2\pi(f_0 + if_r)t + \varphi_{Ri}}{2}\cos\frac{2\pi[(\nu_S + \nu_L) + i(f_{Sr} + f_{Lr})]t + \varphi_{Ri}}{2} \end{aligned} \tag{2－16}$$

式中　φ_{Mi}和φ_{Ri}——测量距离l_{Meas}和参考距离l_{Ref}引入的光学相位延迟，即

$$\varphi_{Mi} = \frac{4\pi n_i l_{Meas}}{\lambda_i} = \frac{4\pi n_i(\nu_S + if_{Sr})l_{Meas}}{c} \tag{2－17}$$

$$\varphi_{Ri} = \frac{4\pi n_i l_{Ref}}{\lambda_i} = \frac{4\pi n_i(\nu_S + if_{Sr})l_{Ref}}{c} \tag{2-18}$$

式中　λ_i——光学频率梳中第 i 阶梳齿对应的真空波长；

n_i——光学频率梳中第 i 阶梳齿对应的空气折射率。

由待测距离 $l = l_{Meas} - l_{Ref}$ 可以得到光学频率梳第 i 阶梳齿测距相位 φ_i 与待测距离 l 的关系为

$$\varphi_i = \varphi_{Mi} - \varphi_{Ri} = \frac{4\pi n_i l}{\lambda_i} = \frac{4\pi n_i(\nu_S + if_{Sr})l}{c} \tag{2-19}$$

式(2－15)和式(2－16)中，本振光学频率梳的光学相位延迟被忽略。上述测量外差干涉信号的光强 $I_{Meas}(t)$ 可以表示为

$$\begin{aligned} I_{Meas}(t) &= |E_{Meas}(t)|^2 \\ &= 2\Big(\sum_i \cos[2\pi(f_0 + if_r)t + \varphi_{Mi}] \times \\ &\cos^2\frac{2\pi[(\nu_S + \nu_L) + i(f_{Sr} + f_{Lr})]t + \varphi_{Mi}}{2} + \\ &\sum_{i,j(i\neq j)}\Big\{\cos\frac{2\pi(i-j)f_r t + (\varphi_{Mi} - \varphi_{Mj})}{2} + \\ &\cos\frac{2\pi[2f_0 + (i+j)f_r]t + \varphi_{Mi} + \varphi_{Mj}}{2} \times \\ &\cos\frac{2\pi[(\nu_S + \nu_L) + i(f_{Sr} + f_{Lr})]t + \varphi_{Mi}}{2} \times \\ &\cos\frac{2\pi[(\nu_S + \nu_L) + j(f_{Sr} + f_{Lr})]t + \varphi_{Mj}}{2}\Big\}\Big) \end{aligned} \tag{2-20}$$

由于现有的光电探测器尚无法对激光频率部分产生响应，因此转换为外差干涉电信号 $S_{Meas}(t)$ 可表示为

$$\begin{aligned} S_{Meas}(t) = &\sum_i \cos[2\pi(f_0 + if_r)t + \varphi_{Mi}] + \\ &\sum_{i,j(i\neq j)} \cos\frac{1}{2}[2\pi(i-j)f_r t + (\varphi_{Mi} - \varphi_{Mj})] + \\ &\sum_{i,j(i\neq j)} \cos\frac{1}{2}\{2\pi[2f_0 + (i+j)f_r]t + (\varphi_{Mi} + \varphi_{Mj})\} \end{aligned} \tag{2-21}$$

式中，只有第一项单纯包含第 i 阶频率梳梳齿对应的测距相位信息。因此，

实际使用过程中将后两项滤除，仅保留第一项，这样外差干涉测量电信号 $S_{\mathrm{Meas}}(t)$ 变为

$$S_{\mathrm{Meas}}(t) = \sum_i \cos[2\pi(f_0 + if_{\mathrm{r}})t + \varphi_{\mathrm{M}i}] \tag{2-22}$$

同理，可以得到外差干涉参考电信号 $S_{\mathrm{Ref}}(t)$ 为

$$S_{\mathrm{Ref}}(t) = \sum_i \cos[2\pi(f_0 + if_{\mathrm{r}})t + \varphi_{\mathrm{R}i}] \tag{2-23}$$

根据式(2－22)和式(2－23)得到基于双光频梳的多波长干涉信号频谱，如图2－8所示。可以发现，该多波长干涉信号频谱仍然呈梳状等间隔多频谱形式。其中，第 i 阶频率梳梳齿的外差干涉信号频率 $f_i = f_0 + if_{\mathrm{r}}$。同时，在上述由光信号向电信号的转换过程中，各个频率梳梳齿对应测量距离 l_{Meas} 和参考距离 l_{Ref} 的光学相位延迟 $\varphi_{\mathrm{M}i}$ 和 $\varphi_{\mathrm{R}i}$ 在多波长干涉信号的梳状频谱中得到了完整的保留。因此，只要能够精确地将各梳齿的外差干涉信号频谱分离，并高精度地测量其包含的相位 $\varphi_{\mathrm{M}i}$ 和 $\varphi_{\mathrm{R}i}$，即可利用式(2－19)对待测距离进行计算。关于多梳齿外差干涉信号频谱的分离与相位测量部分的研究将在本书第4章中详细论述。

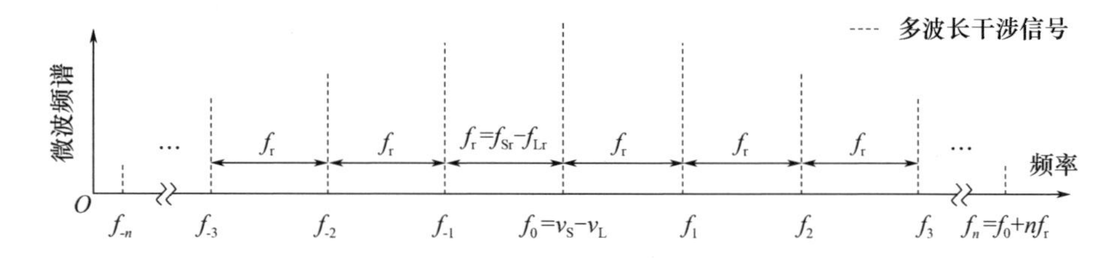

图2－8 基于双光频梳的多波长干涉信号频谱

2.3.2 基于多尺度合成波长同步生成和多梳齿信息融合的测距原理

如本书第2.2.2节所述，基于传统多波长激光光源的多波长干涉测距方法无法同步获取多个尺度的合成波长，这极大地限制了大范围、快速、高精度距离测量的实现。本书提出的基于双光频梳的多波长干涉测距方法则对该问题进行了有效的解决。利用光学频率梳提供的众多激光波长，多个

尺度的合成波长可以得到同步生成，并利用光学频率梳众多梳齿同一时间对相同距离进行的多次重复测量结果，在测量原理层面实现了对距离测量不确定度的提升。

多尺度合成波长的同步生成过程示意图如图 2－9 所示。光学频率梳提供了众多间隔频率为 f_{Sr} 的梳齿用于进行合成波长生成。如果选取第 p 阶和第 q 阶（$p>q$）的频率梳梳齿，其梳齿间距为 $m=p-q$，则生成的第 m 阶合成波长 Λ_m 可以表示为

$$\Lambda_m = \frac{\lambda_p \lambda_q}{\lambda_q - \lambda_p} = \frac{c}{(p-q)f_{Sr}} = \frac{c}{mf_{Sr}} \tag{2-24}$$

式中，第 m 阶合成波长 Λ_m 随 m 取值不同而发生尺度变化。第一阶合成波长 Λ_1 由相邻的光学频率梳梳齿生成，是在不改变梳齿间隔频率 f_{Sr} 前提下可得到的最大合成波长，适用于距离粗测。而进行距离精测所需的最小合成波长由频率间隔最大的两个梳齿生成，此时 m 达到最大值 m_{max}，对应第 m_{max} 阶合成波长 Λ_{mmax}。根据现有商用光学频率梳的参数，梳齿间隔频率可实现 $f_{Sr}=100$ MHz，光谱范围可实现 $f_{spectral\ range}=5$ THz。此时，粗测合成波长可达

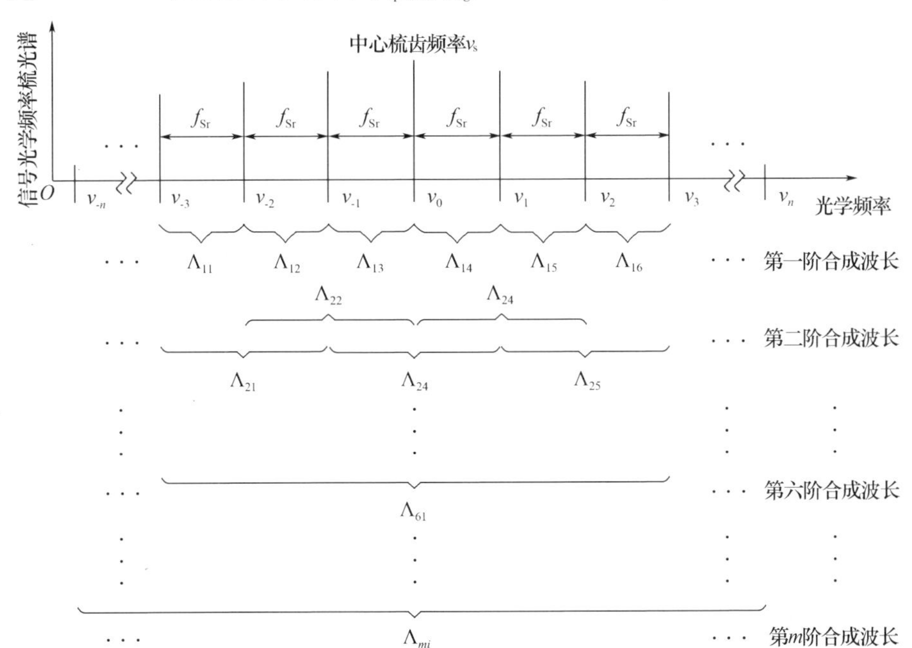

图 2－9　多尺度合成波长的同步生成过程示意图

3 m，对应 1.5 m 的距离测量不模糊范围。而精测合成波长可小至 60 μm，以现有的相位测量精度，理论上可以实现亚光学波长量级待测距离的解算。由于光学频率梳中的众多梳齿同时存在，因此上述多尺度范围的距离粗测和精测合成波长可以同步生成，这就解决了基于传统激光光源多波长干涉测距方法存在的问题，为实现大范围、快速、高精度绝对距离测量提供了重要的先决条件。

利用第 m 阶合成波长 Λ_m，待测距离 l 可以表示为

$$l \approx l_m = N_m \frac{\Lambda_m}{2n_g} + \frac{\varphi_p - \varphi_q}{4\pi n_g}\Lambda_m = N_m \frac{\Lambda_m}{2n_g} + \frac{\varphi_p - \varphi_q}{4\pi n_g}\frac{c}{mf_{Sr}} \tag{2-25}$$

式中　n_g——第 p 阶和第 q 阶光学频率梳梳齿对应的空气群折射率，有

$$n_g = n_p - \lambda_p \frac{n_p - n_q}{\lambda_p - \lambda_q} \tag{2-26}$$

式中　n_p 和 n_q——第 p 阶和第 q 阶光学频率梳梳齿对应的空气折射率。

需要注意的是，在上述利用同步生成的多尺度合成波长进行测距过程中，众多等间隔的频率梳梳齿分别产生了其对应的测距信息。以此为基础，本书提出了一种多梳齿测距信息融合方法。若光学频率梳中的梳齿总数量为 M，则共可生成第 m 阶合成波长 Λ_m 的个数为 $M-m$，这在图 2-9 中七条中心梳齿生成第一阶和第二阶合成波长的过程中已经表明。由于频率梳中各梳齿的频率间距相同，都为信号频率梳的重复频率 f_{Sr}，因此生成的这些第 m 阶合成波长 Λ_m 完全相等。使用 $M-m$ 个完全相同的合成波长 Λ_m 对待测距离 l 进行一次测量，相当于使用一个合成波长 Λ_m 对待测距离 l 进行了 $M-m$ 次测量。因此，可以将这 $M-m$ 次距离测量结果进行融合处理，得到测量结果 l_{avg} 为

$$l_{avg} = \frac{1}{M-m}\sum_{i=1}^{M-m}\left(N_m \frac{\Lambda_{mi}}{2n_g} + \frac{\varphi_{i+m} - \varphi_i}{4\pi n_g}\Lambda_{mi}\right) \tag{2-27}$$

式中　i——第 m 阶合成波长序数。

上述过程中，有一种情况需要特别注意。对于低阶（$m < M/2$）的合成波长而言，尽管同步生成了 $M-m$ 个完全相同的合成波长 Λ_m，得到了 $M-m$ 个相对应的距离测量结果，但是如果利用公式进行直接计算，很多中间梳齿

的相位信息将因融合过程而相互抵消，这时计算得到的距离 l_{avg} 将只由部分测距相位信息获取，测量不确定度的减小效应因此受限。在这种情况下，应该首先选取合适的频率梳梳齿生成相位信息不重叠的合成波长组，然后由公式进行融合处理。关于频率梳梳齿的优化选择，将在第 5 章的相关实验环节进行详细论述。

2.3.3　基于双光频梳的多波长干涉测距不确定度分析

假设式(2－27)中第 m 阶合成波长 Λ_m 对应的测距整数倍 N_m 能够精确获取，将总梳齿数量用 M 表示，式(2－27)可以简化为

$$
\begin{aligned}
l_{\mathrm{avg}} &= \frac{1}{M-m}\sum_{i=1}^{M-m}\frac{\varphi_{i+m}-\varphi_i}{4\pi n_{\mathrm{g}}}\Lambda_{mi} \\
&= \frac{c}{4\pi n_{\mathrm{g}}(M-m)mf_{\mathrm{Sr}}}\sum_{i=1}^{M-m}\Delta\varphi_{mi}
\end{aligned} \tag{2-28}
$$

对于式(2－28)中的空气群折射率而言，若忽略其对应不同频率梳梳齿的变化，则对应完全相同的合成波长 Λ_m 和距离 l_{avg}，$M-m$ 个测距相位 $\Delta\varphi_m$ 满足 $u(\Delta\varphi_{mi})=u(\Delta\varphi_m)$ 条件。根据测量不确定度合成法则，由式(2－28)得到距离结果 l_{avg} 的测量不确定度 $u(l_{\mathrm{avg}})$ 可以表示为

$$
\begin{aligned}
u^2(l_{\mathrm{avg}}) &= \left(\frac{\partial l_{\mathrm{avg}}}{\partial\varphi}u(\Delta\varphi_m)\right)^2+\left(\frac{\partial l_{\mathrm{avg}}}{\partial n_{\mathrm{g}}}u(n_{\mathrm{g}})\right)^2+\left(\frac{\partial l_{\mathrm{avg}}}{\partial f_{\mathrm{Sr}}}u(f_{\mathrm{Sr}})\right)^2 \\
&= \frac{1}{M-m}\left(\frac{c}{4\pi n_{\mathrm{g}}mf_{\mathrm{Sr}}}\right)^2u^2(\Delta\varphi_m)+l_{\mathrm{avg}}^2\left[\left(\frac{u(n_{\mathrm{g}})}{n_{\mathrm{g}}}\right)^2+\left(\frac{u(f_{\mathrm{Sr}})}{f_{\mathrm{Sr}}}\right)^2\right]
\end{aligned} \tag{2-29}
$$

由式(2－29)可知，基于双光频梳的多波长干涉测距法的距离测量不确定度来源主要包括三方面：第 m 阶合成波长 Λ_m 对应测距相位 $\Delta\varphi_m$ 的测量不确定度 $u(\Delta\varphi_m)$、空气群折射率 n_{g} 的测量不确定度 $u(n_{\mathrm{g}})$ 和信号光学频率梳重复频率 f_{Sr} 的测量不确定度 $u(f_{\mathrm{Sr}})$。其中，关于空气群折射率 n_{g} 引入距离测量不确定度 $u(n_{\mathrm{g}})$ 的分析已经在第 2.2.2 节中进行了，此处不再赘述。

式(2－29)中合成波长 Λ_m 测距相位 $\Delta\varphi_m$ 的测量不确定度对距离测量

不确定度的影响与式(2－12)中相应项相比,增加了一个与合成波长阶数 m 相关的系数 $C(\Delta\varphi_m)$,即

$$C(\Delta\varphi_m)=\frac{1}{m\sqrt{M-m}} \tag{2-30}$$

该系数分母中的两项即 m 和 $\sqrt{M-m}$ 分别由距离测量过程中的两种不同效应引入。其中,m 由合成波长阶数对相位测量不确定度的抑制效应引入,而 $\sqrt{M-m}$ 由多梳齿测距信息融合过程引入。在实现更高的距离测量不确定度的过程中,上述两项效应对于合成波长阶数 m 的要求相反,因此需要对合成波长阶数 m 进行优化以达到最高的测距不确定度。将 $C(\Delta\varphi_m)$ 对 m 求导可得

$$C(\Delta\varphi_m)'_m=\frac{3m-2M}{m^2(M-m)^{\frac{3}{2}}} \tag{2-31}$$

由式(2－31)可知,系数 $C(\Delta\varphi_m)$ 在 $m=\frac{2M}{3}$ 处为最小值。以此为基础,假定光学频率梳中的总梳齿数量 $M=15$,信号光学频率梳的重复频率 $f_{Sr}=1\ \text{GHz}$,合成波长 Λ_m 测距相位 $\Delta\varphi_m$ 的测量不确定度 $u(\Delta\varphi_m)=0.1°$,则不同合成波长阶数 m 对应的距离测量不确定度 $u(l)$ 仿真示意图如图 2－10 所示。

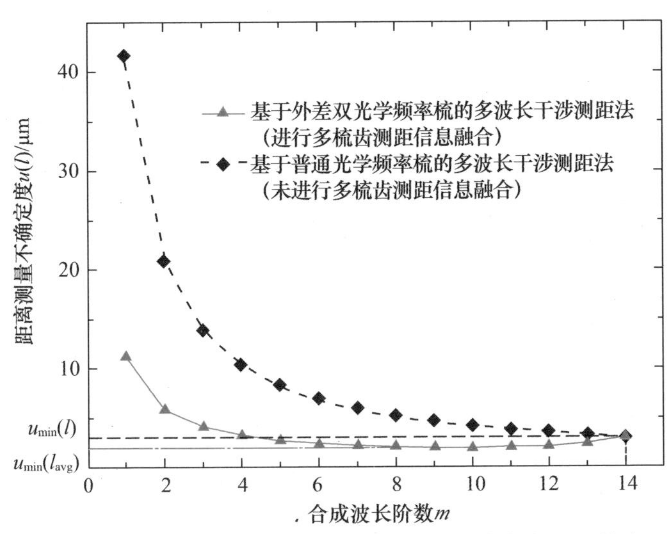

图 2－10　不同合成波长阶数 m 对应的距离测量不确定度 $u(l)$ 仿真示意图

由图2-10可知，对基于传统激光光源的经典多波长干涉测距方法而言，激光波长数量及频谱不足以实现多梳齿测距信息融合方法，此时距离测量不确定度的最小值 $u_{\min}(l)$ 对应可生成的最小合成波长，即最高的 $m=14$ 阶合成波长。对应前述参数，此最小距离测量不确定度 $u_{\min}(l)=2.98\ \mu\text{m}$。而基于双光频梳的多波长干涉测距方法可利用光学频率梳的多光谱特性实现多波长测距信息融合，其距离测量不确定度的最小值 $u_{\min}(l_{\text{avg}})$ 对应的合成波长阶数 $m=10$。对应前述参数，此最小距离测量不确定度 $u_{\min}(l_{\text{avg}})=1.86\ \mu\text{m}$。这一结果充分证明了本书所述多梳齿测距信息融合方法对于相位测量误差的抑制能力。

信号光学频率梳的重复频率 f_{Sr} 通常参考高稳定度频率基准进行稳频，导致其不确定度的因素包括频率基准的频率准确度，稳频控制过程中受环境条件如温度变化、振动引入的稳频误差等方面影响。不同待测距离条件下，信号光学频率梳重复频率相对不确定度 $u(f_{\text{Sr}})$ 导致的距离测量不确定度 $u(l)$ 仿真曲线如图2-11所示。

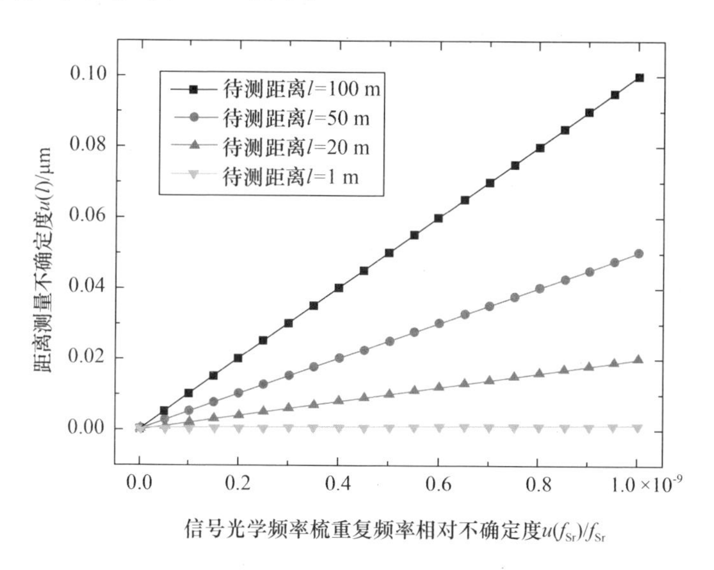

图2-11　不同待测距离条件下，信号光学频率梳重复频率相对不确定度 $u(f_{\text{Sr}})$ 导致的距离测量不确定度 $u(l)$ 仿真曲线

由图2-11可以看出，对于相同的信号光学频率梳重复频率相对不确

定度 $u(f_{Sr})$，待测距离 l 越长，引起的距离测量不确定度 $u(l)$ 越大。但实际上，由于信号光学频率梳通常以频率稳定度高于 10^{-11} 量级的基准频率源或时间源为频率参考，并利用高精度的锁相环实现频率稳定控制，因此该重复频率的相对不确定度通常优于 1×10^{-10}，与预期实现的 10^{-7} 量级测量不确定度相比基本可以忽略。

2.4 本章小结

本章以经典多波长干涉测距原理为基础，深入分析了由传统分立式多波长激光光源实现大范围、快速、高精度绝对距离测量的诸多限制因素。针对这一问题，本章提出了一种基于双光频梳的多波长干涉测距方法，该方法以中心梳齿偏频锁定、梳齿间距稍有不同的双光频梳为多波长激光光源，在简化系统结构的同时，可同步生成毫米量级到米量级多尺度合成波长，为实现大范围、快速、高精度距离测量提供了新的方法。同时，该方法还可以利用众多等频谱间隔梳齿获取大量测距信息，通过多梳齿测距信息融合进一步减小了距离测量的不确定度。

本章详细展示了基于双光频梳的多波长干涉测距法原理，分析了待测距离信息的转化与传递过程，构建了完整的距离测量模型，并以此建立了该方法的测距不确定度模型，对影响测距不确定度的几个关键因素进行了仿真分析，并与基于传统激光光源的经典多波长干涉测距法进行了细致比较。

第3章　基于谐振腔增强相位调制效应的光学频率梳生成技术

3.1　引　言

对于本书提出的基于双光频梳的多波长干涉测距方法而言，光学频率梳的持续生成与稳定控制是其中的一项关键环节。其中，基于谐振腔增强相位调制效应的光学频率梳生成方法利用谐振腔的选频输出特性，增强光学相位调制的边带生成效应，得到梳齿间距与数量可以随相位调制频率与强度调节，同时梳齿功率分布较规律的光学频率梳能较好地满足多波长干涉测距对频率梳光源的要求[99,100,112]。该光学频率梳生成方法最早由日本大阪大学的科学家 T. Kobayashi 等于 1972 年提出[113]，日本东京工业大学的科学家 M. Kourogi 等于 1993 年将该方法进一步发展，提出了光学频率梳梳齿的功率分布模型，并一直沿用至今[101]。但该模型基于数学近似分析，在较大相位调制系数的情况下，其模型精度较差。

为保证光学频率梳的持续稳定输出，英国思克莱德大学的科学家 A. S. Bell 等于 1995 年提出了一种基于梳齿拍频相位解调探测的光学频率梳稳定控制方法，通过探测透射频率梳的梳齿拍频信号，由相位调制信号对其进行解调得到反馈控制所需的误差信号[98]。但该方法仅被简单描述，并没有相关理论支持。同时，该方法需分离光学频率梳的一部分用于反馈控制，可用频率梳的光强被相应衰减。美国实验天体物理联合研究所的科学家 J. Ye 等于 1997 年提出了基于谐振腔腔长调制的光学频率梳稳定方法，该方法通过调制谐振腔腔长产生反射光强度变化，利用调制信号将光强变化信号解调得到用于反馈控制的误差信号[102]。但由于额外的腔长调制，因此该方法生成的光学频率梳得到的多波长干涉测距信号被引入附加的强度和相位调制,将给距离测量精度带来较大影响。

针对现有基于谐振腔增强相位调制效应的光学频率梳生成方法数学模型不精确、稳定控制过程不理想导致其无法直接用于多波长干涉测距的问题,本章从光学谐振腔和电光相位调制原理出发,建立谐振腔增强相位调制型光学频率梳生成方法的精确模型,深入讨论各项参数对所生成光学频率梳的影响,在上述频率梳生成模型的基础上,提出一种基于 Pound – Drever – Hall (PDH)原理的光学频率梳稳定控制方法,深入分析该方法中误差信号的生成机理,为实现基于双光频梳的多波长干涉测距方法提供频率梳光源的理论支撑与优化参考。

3.2 基于谐振腔增强相位调制效应的光学频率梳生成方法

3.2.1 基于谐振腔增强相位调制效应的光学频率梳生成原理分析

基于谐振腔增强电光相位调制效应的光学频率梳生成原理图如图 3 – 1 所示。单频的入射激光进入光学谐振腔后在其中往复反射,不断地穿过放置其中的相位调制器。在这一过程中,相位调制的边带生成效应得到持续增强,最终得到了大量的等间隔调制边带。

为更加精确地分析这一过程,假定入射单频激光的电场强度 E_{in} 为

$$E_{in} = A\cos(2\pi\nu_0 t) \tag{3-1}$$

式中 A ——入射激光电场强度的振幅;

ν_0 ——入射激光频率。

对于图 3 – 1 所示的双平凹反射镜光学谐振腔而言,假定两片平凹光学镜片曲面的电场强度透射率均为 t,曲面的电场强度反射率均为 r,而平面均为无损耗的理想透射,则在忽略色散及腔内能量损耗的前提下,该谐振腔的透射激光电场强度 E_t 可以通过叠加所有谐振腔透射激光的电场强度来计算得出,即

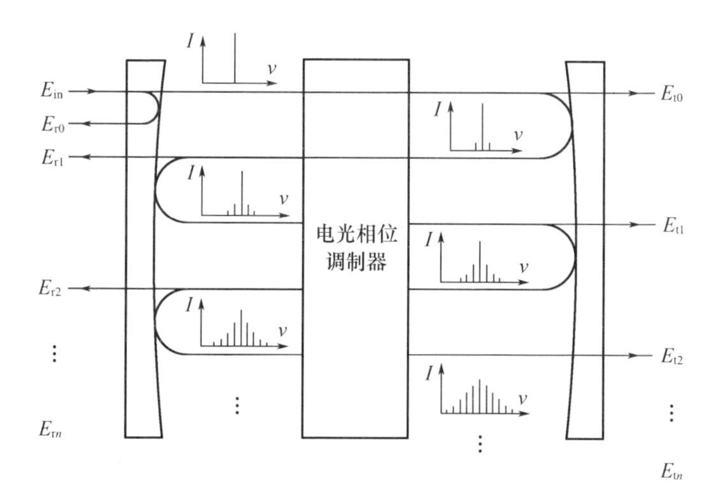

图3-1　基于谐振腔增强电光相位调制效应的光学频率梳生成原理图

$$
\begin{aligned}
E_t &= E_{in}t^2 e^{-j\varphi} + E_{in}t^2 r^2 e^{-3j\varphi} + E_{in}t^2 r^4 e^{-5j\varphi} + \cdots + E_{in}t^2 r^{2n} e^{-j(2n+1)\varphi} \\
&= E_{in} T \sum_{n=0}^{\infty} R^n e^{-j(2n+1)\varphi} \\
&= E_{in} \frac{T e^{-j\varphi}}{1 - R e^{-j2\varphi}}
\end{aligned}
\tag{3-2}
$$

式中　T——谐振腔反射镜的光强透射率，$T = t^2$；

R——谐振腔反射镜的光强反射率，$R = r^2$，$T + R = 1$；

φ——谐振腔内的单程相位延迟。

谐振腔内的单程相位延迟 φ 为激光在光学谐振腔内单向单次通过对应的相位变化。对应本书讨论的模型，其包含腔内等效光程所对应的固定相位延迟 α 和由腔内电光调制器引入的相位调制 φ_m。假定腔内单向光程为 L_o，相位调制系数为 β，调制角频率为 ω_m，则谐振腔内单程相位延迟 φ 可以表示为

$$
\begin{aligned}
\varphi &= \alpha + \varphi_m \\
&= \frac{2\pi L_o}{\lambda} + \beta \sin \omega_m t \\
&= \frac{\pi \nu_0}{\mathrm{FSR}} + \beta \sin \omega_m t
\end{aligned}
\tag{3-3}
$$

式中　FSR——光学谐振腔的自由光谱范围，$FSR = c/2L_o$。

因此，式(3－2)可以进一步表示为

$$\begin{aligned} E_t &= E_{in} T \sum_{n=0}^{\infty} R^n e^{-j(2n+1)(\alpha+\beta\sin\omega_m t)} \\ &= E_{in} \frac{T e^{-j(\alpha+\beta\sin\omega_m t)}}{1 - R e^{-j2(\alpha+\beta\sin\omega_m t)}} \end{aligned} \tag{3-4}$$

根据式(3－4)所示的谐振腔透射电场强度，现有的各梳齿功率分析方法主要基于数学简化近似。这一结果最早由日本科学家 M. Kourogi 在其 1993 年发表的经典论文 *Wide - span optical frequency comb generator for accurate optical frequency difference measurement* 中发表[101]。1997 年，美国科学家 Louis Reginald Brothers 在其博士毕业论文 *Terahertz optical frequency comb generation* 中对该方法的分析过程进行了深入的讨论[114]。

在该数学近似分析过程中，为将式(3－4)中指数项和正弦项进行等价无穷小替换，即 $e^{-x} \sim 1 - x$，$\sin x \sim x$，需要假定 $\alpha = 2N\pi$ 且仅对激光通过电光相位调制器的超短时间进行分析以保证 $\beta\sin\omega_m t \to 0$。式(3－4)可以近似简化为

$$\begin{aligned} E_t &= E_{in} \frac{T(1 - j\beta\sin\omega_m t)}{1 - R(1 - j2\beta\sin\omega_m t)} \\ &= E_{in} \frac{T(1 - j\beta\omega_m t)}{1 - R(1 - j2\beta\omega_m t)} \\ &= E_{in} \frac{1-R}{2\beta R} \frac{1 - j\beta\omega_m t}{\dfrac{1-R}{2\beta R} - j\omega_m t} \end{aligned} \tag{3-5}$$

若用 u 表示式(3－5)中的$\dfrac{1-R}{2\beta R}$，则有

$$\begin{aligned} E_t &= -E_{in} u \frac{1 - j\beta\omega_m t}{-u + j\omega_m t} \\ &= E_{in}\left(\frac{-u}{-u + j\omega_m t} + \frac{ju\beta\omega_m t}{-u + j\omega_m t}\right) \end{aligned} \tag{3-6}$$

根据以下傅里叶级数展开，即

$$f(t)=\sum_{k=0}^{\infty}\mathrm{e}^{-uk}\mathrm{e}^{\mathrm{j}\omega_{\mathrm{m}}kt}=\frac{1}{1-\mathrm{e}^{-u+\mathrm{j}\omega_{\mathrm{m}}t}}\approx\frac{-1}{-u+\mathrm{j}\omega_{\mathrm{m}}t} \tag{3-7}$$

因此,式(3－6)括号中第一项所对应的傅里叶级数展开为

$$E_{\mathrm{t1}}=E_{\mathrm{in}}\sum_{k=0}^{\infty}u\mathrm{e}^{-uk}\mathrm{e}^{\mathrm{j}k\omega_{\mathrm{m}}t} \tag{3-8}$$

第二项的傅里叶级数系数可以由傅里叶变换的频域微分特性得到,即

$$tf(t)\leftrightarrow\mathrm{j}\frac{\mathrm{d}F(\omega)}{\mathrm{d}\omega} \tag{3-9}$$

因此,对式(3－6)中透射激光的电场强度 E_t 进行傅里叶级数展开得到

$$E_{\mathrm{t}}=E_{\mathrm{in}}\left(\sum_{k=0}^{\infty}u\mathrm{e}^{-uk}\mathrm{e}^{\mathrm{j}k\omega_{\mathrm{m}}t}+\sum_{k=0}^{\infty}\beta u^{2}\mathrm{e}^{-uk}\mathrm{e}^{\mathrm{j}k\omega_{\mathrm{m}}t}\right) \tag{3-10}$$

由于 $u\rightarrow 0$,式(3－10)中第二项的傅里叶级数系数远小于第一项的对应值,因此可以忽略。最终得到透射激光中第 k 阶边带的电场强度 $E_{\mathrm{t}k}$ 为

$$E_{\mathrm{t}k}=E_{\mathrm{in}}\frac{\pi}{2\beta F}\mathrm{e}^{\frac{-\pi}{2\beta F}|k|} \tag{3-11}$$

式中　F——光学谐振腔的精细度(Finesse),表征谐振腔选频输出特性的强弱。

当腔镜的光强反射率 R 趋近于1时,光学谐振腔的精细度 F 可以表示为

$$F=\frac{\pi\sqrt{R}}{1-R}\approx\frac{\pi}{1-R} \tag{3-12}$$

光学频率梳中第 k 阶梳齿的光强 $I_{\mathrm{t}k}$ 可以表示为

$$I_{\mathrm{t}k}=E_{\mathrm{in}}^{2}\left(\frac{\pi}{2\beta F}\right)^{2}\mathrm{e}^{\frac{-\pi}{\beta F}|k|} \tag{3-13}$$

在上述基于数学近似的分析过程中,必须假定激光通过相位调制器的时间 $t\rightarrow 0$ 以保证 $\sin\omega_{\mathrm{m}}t\approx t\rightarrow 0$,否则在近似过程中将引入仿真误差。但实际上,这一条件很难得到保证。针对这一问题,本书采用电场强度叠加计算法对光学频率梳的梳齿功率分布进行分析,以此得到梳齿功率分布的精确模型。

根据雅克比－安格尔恒等式(Jacobi－Anger identity),公式中的指数项可以化简为

$$e^{jx\sin\varphi} = \sum_{k=-\infty}^{\infty} J_k(x) e^{jk\varphi} \tag{3-14}$$

式中 $J_k(x)$——第一类贝塞尔函数，为贝塞尔微分方程的解函数。

贝塞尔微分方程为

$$x^2 \frac{d^2 y}{dx^2} + x \frac{dy}{dx} + (x^2 - \alpha^2) y = 0 \tag{3-15}$$

式中，α 为贝塞尔微分方程的阶数。当该阶数 $\alpha = n$ 且 n 为正整数或零时，第一类贝塞尔函数 $J_n(x)$ 可以表示为

$$J_n(x) = \sum_{i=0}^{\infty} (-1)^i \frac{1}{i!(n+i)!} \left(\frac{x}{2}\right)^{n+2i} \tag{3-16}$$

其存在以下重要特性，即

$$J_{-n}(x) = (-1)^n J_n(x) \tag{3-17}$$

不同参数 x 对应的 0 ~4 阶第一类贝塞尔函数 $J_n(x)$ 曲线如图 3 -2 所示，可观察到各曲线呈震荡衰减趋势。其中，0 阶贝塞尔函数的初始值为 1，而其他阶贝塞尔函数的初始值为 0。

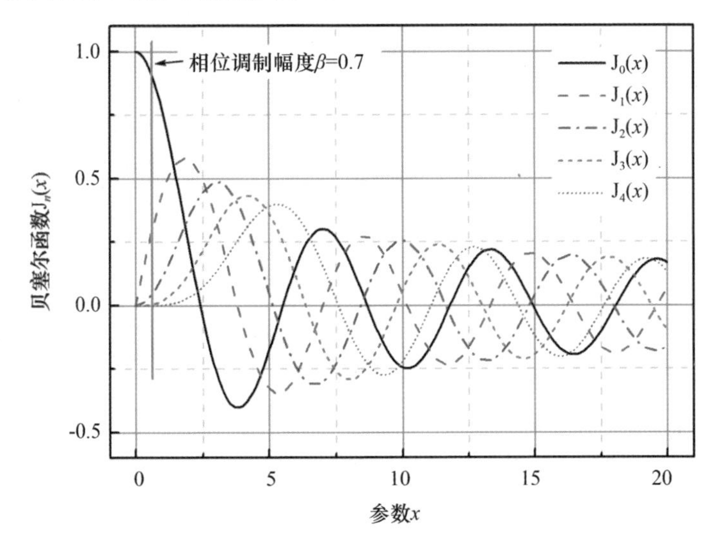

图 3 -2 不同参数 x 对应的 0 ~4 阶第一类贝塞尔函数 $J_n(x)$ 曲线

根据上述引入的第一类贝塞尔函数 $J_n(x)$，式(3 -4)可以化简为

$$E_t = E_{in} T \sum_{n=0}^{\infty} R^n e^{-j(2n+1)\alpha} \sum_{k=-\infty}^{\infty} J_k[(2n+1)\beta] e^{-jk\omega_m t} \tag{3-18}$$

若将式(3 - 18)视为傅里叶级数形式,则可以对其中的各频谱分量进行提取。其中,第 k 阶频谱分量即第 k 阶频率梳梳齿的电场强度 E_{tk} 可以表示为

$$
\begin{aligned}
E_{\mathrm{t}k} &= E_{\mathrm{in}} T \sum_{n=0}^{\infty} R^n \mathrm{J}_k[(2n+1)\beta] \mathrm{e}^{-\mathrm{j}(2n+1)\alpha} \\
&= E_{\mathrm{in}} T \sum_{n=0}^{\infty} R^n \mathrm{J}_k(\beta_n) \mathrm{e}^{-\mathrm{j}\alpha_n}
\end{aligned} \tag{3-19}
$$

式中　β_n——第 n 次谐振腔透射光对应的相位调制系数,$\beta_n = (2n+1)\beta$。

因此,第 k 阶频率梳梳齿的光强 I_{tk} 可以计算得到

$$
\begin{aligned}
I_{\mathrm{t}k} &= |E_{\mathrm{t}k}|^2 = E_{\mathrm{t}k} E_{\mathrm{t}k}^* \\
&= E_{\mathrm{in}}^2 T^2 \{\mathrm{J}_k(\beta)\mathrm{e}^{\mathrm{j}\alpha} + R\mathrm{J}_k(3\beta)\mathrm{e}^{\mathrm{j}3\alpha} + R^2\mathrm{J}_k(5\beta)\mathrm{e}^{\mathrm{j}5\alpha} + \cdots + R^n\mathrm{J}_k(\beta_n)\mathrm{e}^{\mathrm{j}(2n+1)\alpha}\} \times \\
&\quad \{\mathrm{J}_k(\beta)\mathrm{e}^{-\mathrm{j}\alpha} + R\mathrm{J}_k(3\beta)\mathrm{e}^{-\mathrm{j}3\alpha} + R^2\mathrm{J}_k(5\beta)\mathrm{e}^{-\mathrm{j}5\alpha} + \cdots + R^n\mathrm{J}_k(\beta_n)\mathrm{e}^{-\mathrm{j}(2n+1)\alpha}\}
\end{aligned} \tag{3-20}
$$

将各项相乘,并把其中的共轭项相加项合并,整理得到

$$
\begin{aligned}
I_{\mathrm{t}k} = E_{\mathrm{in}}^2 T^2 \{ & \mathrm{J}_k^2(\beta) + R^2\mathrm{J}_k^2(3\beta) + R^4\mathrm{J}_k^2(5\beta) + \cdots + R^{2n}\mathrm{J}_k^2(\beta_n) + \\
& 2R\cos 2\alpha\{\mathrm{J}_k(\beta)\mathrm{J}_k(3\beta) + R^2\mathrm{J}_k(3\beta)\mathrm{J}_k(5\beta) + \cdots + R^{2n}\mathrm{J}_k(\beta_n)\mathrm{J}_k(\beta_{n+1})\} + \\
& 2R^2\cos 4\alpha\{\mathrm{J}_k(\beta)J_k(5\beta) + R^2\mathrm{J}_k(3\beta)\mathrm{J}_k(7\beta) + \cdots + R^{2n}\mathrm{J}_k(\beta_n)\mathrm{J}_k(\beta_{n+2})\} + \cdots + \\
& 2R^m\cos 2m\alpha\{\mathrm{J}_k(\beta)\mathrm{J}_k(\beta_m) + R^2\mathrm{J}_k(3\beta)\mathrm{J}_k(\beta_{m+1}) + \cdots + R^{2n}\mathrm{J}_k(\beta_n)\mathrm{J}_k(\beta_{m+n})\}\}
\end{aligned} \tag{3-21}
$$

由式(3 - 21)可知,当且仅当谐振腔内固定光程的相位延迟为整数倍时,I_{tk} 取最大值,即

$$
\begin{aligned}
I_{\mathrm{t}k} = E_{\mathrm{in}}^2 T^2 \{ & \mathrm{J}_k^2(\beta) + R^2\mathrm{J}_k^2(3\beta) + R^4\mathrm{J}_k^2(5\beta) + \cdots + R^{2n}\mathrm{J}_k^2(\beta_n) + \\
& 2R\{\mathrm{J}_k(\beta)\mathrm{J}_k(3\beta) + R^2\mathrm{J}_k(3\beta)\mathrm{J}_k(5\beta) + \cdots + R^{2n}\mathrm{J}_k(\beta_n)\mathrm{J}_k(\beta_{n+1})\} + \\
& 2R^2\{\mathrm{J}_k(\beta)\mathrm{J}_k(5\beta) + R^2\mathrm{J}_k(3\beta)\mathrm{J}_k(7\beta) + \cdots + R^{2n}\mathrm{J}_k(\beta_n)\mathrm{J}_k(\beta_{n+2})\} + \cdots + \\
& 2R^m\{\mathrm{J}_k(\beta)\mathrm{J}_k(\beta_m) + R^2\mathrm{J}_k(3\beta)\mathrm{J}_k(\beta_{m+1}) + \cdots + R^{2n}\mathrm{J}_k(\beta_n)\mathrm{J}_k(\beta_{n+m})\}\}
\end{aligned} \tag{3-22}
$$

由于式(3 - 22)中的频率梳梳齿阶数 k、谐振腔内反射次数 n 和 m 都可取值到无穷大,因此该公式无法直接计算。为此,根据贝塞尔函数呈振荡衰减的趋势,可考虑将频率梳梳齿阶数 k、谐振腔内反射次数 n 和 m 由小到大取不

同数值,分析式(3-22)中第 k 阶光学频率梳梳齿功率 I_{tk} 不断趋近的上限值。

由于光学频率梳的梳齿阶数 k 只需满足距离测量的合成波长生成要求,因此可以对其取值进行人为设定。若设定 $|k_{max}|=250$,同时设定谐振腔反射镜的光强反射率 $R=96\%$,相位调制系数 $\beta=0.7$,则对应谐振腔内反射次数 n、m 分别为 100、125、150、200、1 000 时,计算得到的光学频率梳中心 501 条梳齿功率分布仿真曲线如图 3-3 所示。

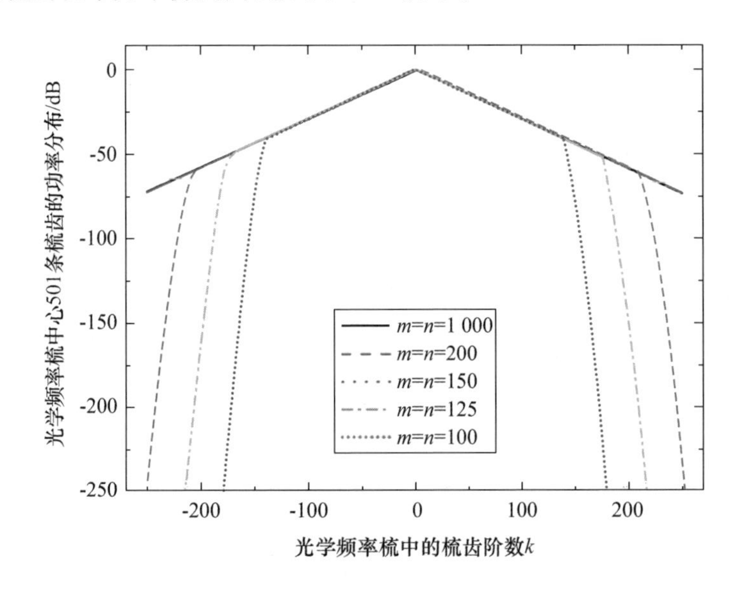

图 3-3 对应谐振腔内反射次数 n、m 分别为 100、125、150、200、1 000时,计算得到的光学频率梳中心 501 条梳齿功率分布仿真曲线

由图 3-3 可知,对于光学频率梳的中心 501 条梳齿而言,谐振腔内反射次数 n 和 m 由 100 增加到 200 时,低阶梳齿的功率基本一致,而高阶梳齿的功率随之增加。而当 $n=m=200$ 时,其对应的梳齿功率分布曲线与 $n=m=1\ 000$ 的相应曲线已经基本重合。谐振腔内反射次数 $n=m=200$ 和 $n=m=1\ 000$ 时分别对应梳齿功率分布曲线的偏差如图 3-4 所示。

由图 3-4 可知,谐振腔内反射次数分别为 200 和 1 000 时,其中心 501 条梳齿的功率偏差小于 ±0.073 dB,该偏差值远小于原有的梳齿功率,可以忽略不计。因此,谐振腔内反射次数 $n=m=200$ 已经可以满足对光学频率梳中心 501 条梳齿功率分布进行精确仿真的要求。对该梳齿功率偏差曲线

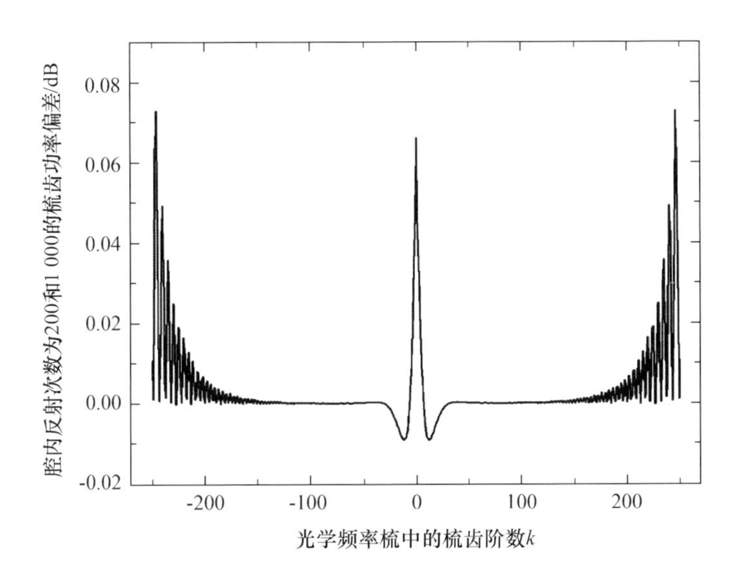

图3-4 谐振腔内反射次数 $n=m=200$ 和 $n=m=1\ 000$ 时分别对应梳齿功率分布曲线的偏差

进行更加细致的分析可以发现,其在中心和边缘处呈现振荡形式。由于在整个分析过程中没有其他的近似计算,因此分析该情况应仅由不同谐振腔内反射次数导致,即仅与仿真算法相关。

根据上述分析过程,可将基于电场强度叠加计算法与现有基于数学近似分析法得到的光学频率梳频谱分布进行对比分析。将共用参数设定为相同值,光学频率梳梳齿阶数 $|k_{max}|=250$,谐振腔腔镜反射率 $R=0.96$,相位调制系数 $\beta=0.7$,设定电场强度叠加计算法的谐振腔内反射次数 $m=n=200$。根据式(3-13)和式(3-22),电场强度叠加计算法和数学近似简化分析法的光学频率梳梳齿功率分布对比如图3-5所示。

图3-5中的虚线与点划线表明由电场强度叠加计算法和数学近似分析法得到的光学的频率梳中心梳齿功率分布曲线基本吻合,而图3-5中实线给出了两种仿真计算方法得到的功率分布偏差,对于光学频率梳的中心501条梳齿,各个梳齿的功率仿真计算偏差小于±0.6 dB。其中,偏差曲线在中心梳齿和高阶梳齿上呈现的小幅振荡由电场强度累加计算法引入,而高阶梳齿呈现的线性递增偏差由数学近似分析过程引入,其偏差递增约为

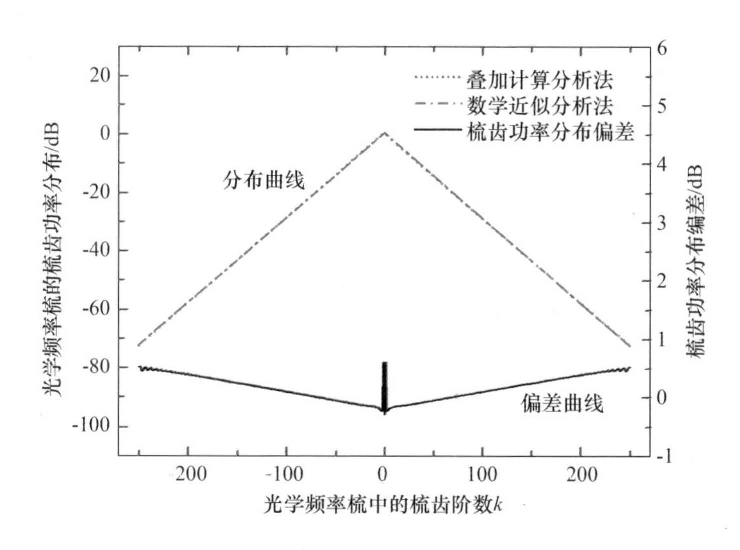

图 3-5　电场强度叠加计算法和数学近似简化分析法的光学频率梳梳齿功率分布对比

0.7 dB,为不同谐振腔内反射次数引入梳齿功率偏差的 10 倍。在此仿真过程中,相位调制系数 β 仅为 0.7,若对应更大的相位调制系数 β,数学近似分析法的仿真偏差将继续增加,而本书提出基于电场强度叠加计算分析的精确模型仿真偏差将随贝塞尔函数的衰减特性而减小。因此,本书提出的频率梳梳齿功率分布精确模型比现有近似模型的模型精度提高了一个数量级。

根据已确定的谐振腔内光束反射次数 $n = m = 200$ 以及生成的频率梳梳齿阶数 $|k_{max}| = 250$,可对式(3-22)中另外两项参数即谐振腔镜反射率 R 和相位调制系数 β 进行进一步仿真分析。不同谐振腔镜反射率 R 对应的光学频率梳中心 501 条梳齿功率分布曲线如图 3-6 所示。可以看出,随着谐振腔镜反射率 R 的增加,功率分布曲线逐渐变扁平,高阶梳齿的能量相应增加,而中心梳齿的能量相应减小,这表明谐振腔对相位调制的增强效应变大,能量向更高阶梳齿转移,能够生成更大光谱范围的光学频率梳。但在实验过程中发现,谐振腔镜反射率过高将导致进入光学谐振腔的总光强相应下降,此时尽管高阶梳齿功率所占的比例得到了加强,但真实功率并未得到真正提升。经过对该参数的优化选择,最终选定了反射率 $R = 0.96$ 的平凹

反射镜作为谐振腔镜进行后续实验。

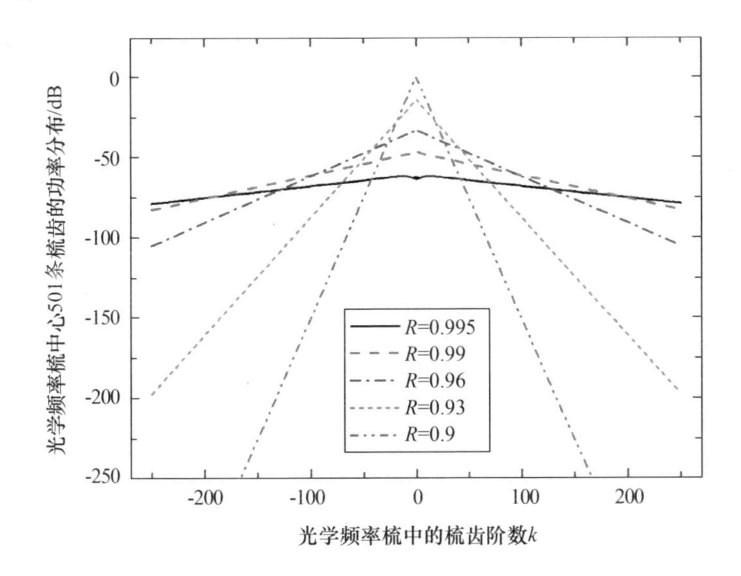

图 3－6　不同谐振腔镜反射率 R 对应的光学频率梳中心 501 条梳齿功率分布曲线

不同相位调制系数 β 对应的光学频率梳中心 501 条梳齿功率分布曲线如图 3－7 所示。可以看出，随着相位调制系数 β 的增加，功率分布曲线同样逐渐变扁平，高阶梳齿的能量相应增加，而中心梳齿的能量相应减小。虽然能量同样向更高阶梳齿转移，能够生成更大光谱范围的光学频率梳，但其根本原因是谐振腔内相位调制效应的增强。电光相位调制器的相位调制系数 β 与其驱动电压成正比关系，通过控制其驱动信号的功率可以对该参数进行调节。综合考虑电光相位调制器的驱动功率上限、所需光学频率梳梳齿个数等条件，经优化选择最终确定相位调制系数 $\beta=0.7$ 作为电光调制器的工作状态。

综上所述，本节首先分析了谐振腔增强相位调制效应的光学频率梳生成原理；简要介绍了基于数学近似分析法的光学频率梳梳齿功率分布近似模型，利用电场强度叠加计算法建立了梳齿功率分布的精确模型；对该模型中所需的无穷叠加项进行了有限项逼近替换，讨论了由此产生的仿真偏差；对两种方法得到的模型进行了对比分析，并对影响光学频率梳生成的两项

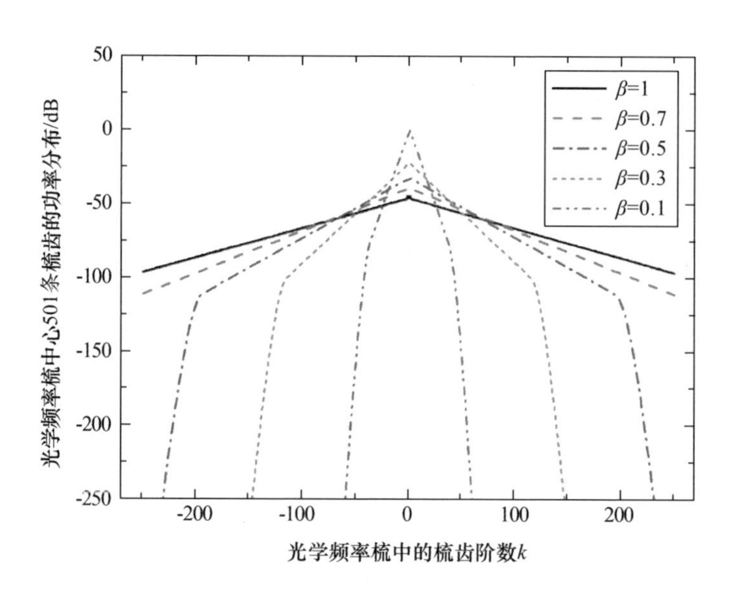

图 3-7 不同相位调制系数 β 对应的光学频率梳中心 501 条梳齿功率分布曲线

关键参数腔镜反射率 R 和相位调制系数 β 进行了仿真分析。

3.2.2 谐振腔腔长扫描状态的光学频率梳透射功率分析

上述的分析过程主要针对光学频率梳的频谱。在实际的使用过程中，由光谱仪得到其完整的频谱需要较长的扫描时间，这使得光学频率梳在扫描间隙的工作状态难以获取。针对这一问题，本节将分析光学谐振腔腔长扫描状态下的光学频率梳透射光强，并希望借此实现对光学频率梳工作状态的实时监测，为后续光学频率梳的稳定控制提供参考信息。

尽管谐振腔腔长扫描状态下的光学频率梳透射光强仍可用电场强度累加计算法进行分析，但其结果涉及多级无穷项求和运算，仿真过程过于复杂。因此，本书主要采用数学近似法对此进行分析。2008 年，在美国 NIST 工作的 Shijun Xiao 等在 *Optics Express* 期刊上发表了名为 *Toward a low-jitter 10 GHz pulsed source with an optical frequency comb generator* 的论文，对扫描谐振腔腔长状态下的光学频率梳透射功率进行了近似分析[100]。参考其分析过程，假设谐振腔腔镜的光强反射率为 R，相位调制系数为 β，谐振腔内单向等效光程的固定相位延迟为 α，忽略谐振腔损耗与色散，同时忽略激光第一次通过谐振腔的相位延迟，则可以得到电场强度的透射率 $T_E(t)$ 为

$$T_E(t) = \frac{1-R}{1-R\mathrm{e}^{-\mathrm{j}2(\alpha+\beta\sin\omega_{\mathrm{m}}t)}} \tag{3-23}$$

由式(3-23)可知，电场强度的透射率呈脉冲分布，其在 $\alpha+\beta\sin\omega_{\mathrm{m}}t_{\mathrm{p}}=N\pi$ 时达到脉冲尖峰。对应不同 N 值的时间 t_{p} 表示序列中各个脉冲尖峰的时间点，有

$$t_{\mathrm{p}} = -\frac{1}{\omega_{\mathrm{m}}}\arcsin\frac{N\pi-\alpha}{\beta} \tag{3-24}$$

当 $\alpha+\beta\sin\omega_{\mathrm{m}}t\to 0$ 时，对式(3-23)中的指数部分进行等价无穷小近似，即

$$T_E(t) = \frac{1-R}{1-R+\mathrm{j}2R(\alpha+\beta\sin\omega_{\mathrm{m}}t)} \tag{3-25}$$

对式(3-25)中分母中的虚部在 $t=t_{\mathrm{p}}$ 处进行一阶近似，有

$$T_E(\Delta t) = \frac{1-R}{1-R+\mathrm{j}2R\beta\omega_{\mathrm{m}}\Delta t\cos\omega_{\mathrm{m}}t_{\mathrm{p}}} \tag{3-26}$$

式中 Δt——时刻 t 与脉冲峰值时刻 t_{p} 的时间间隔，$\Delta t=t-t_{\mathrm{p}}$。

可以得到光强的瞬时透射率 $T_I(\Delta t)$ 为

$$\begin{aligned} T_I(\Delta t) &= \frac{(1-R)^2}{(1-R)^2+(2R\beta\omega_{\mathrm{m}}\Delta t\cos\omega_{\mathrm{m}}t_{\mathrm{p}})^2} \\ &= \frac{(1-R)^2}{(1-R)^2+(2R\beta\omega_{\mathrm{m}}\Delta t)^2\left[1-\left(\frac{\alpha}{\beta}\right)^2\right]} \end{aligned} \tag{3-27}$$

可知，时域的光强脉冲呈柯西-洛伦兹分布(Cauchy-Lorentz distribution)，因此其脉冲的半高宽度 t_{FWHM} 可以表示为

$$t_{\mathrm{FWHM}} = \frac{\pi}{2F\beta\omega_{\mathrm{m}}\sqrt{1-\left(\frac{\alpha}{\beta}\right)^2}} \tag{3-28}$$

可知，当 $\alpha=0$ 时，生成的激光脉冲具有最小的宽度，由时域与频域的关系可知，此时对应的光学频率梳具有最大的频谱范围。因此，$\alpha=0$ 对应的是理想的光学频率梳稳定控制点。

对式(3－27)中的瞬时光强透射率 $T_I(\Delta t)$ 在 $T=1/f_m$ 时间段内积分并平均，可以得到光强的平均透射率 $T_I(\alpha)$ 的近似表达式，即

$$T_I(\alpha) = \frac{1}{T}\int_0^T T_I(\Delta t)\,\mathrm{d}t = \frac{1-R}{2\pi R\beta\sqrt{1-\left(\frac{\alpha}{\beta}\right)^2}}\arctan\left[\frac{2\pi R\beta}{1-R}\sqrt{1-\left(\frac{\alpha}{\beta}\right)^2}\right] \tag{3-29}$$

由谐振腔的自由光谱范围 FSR 和激光频率与谐振频率的偏差 $\Delta\nu$ 可知，谐振腔内单向等效光程的固定相位延迟 α 可以表示为 $\alpha=\frac{\pi\Delta\nu}{\mathrm{FSR}}$，因此光强的平均透射率 T_I 可以由 $\Delta\nu/\mathrm{FSR}$ 表示为

$$T_I\left(\frac{\Delta\nu}{\mathrm{FSR}}\right) = \frac{1-R}{2\pi R\beta\sqrt{1-\left(\frac{\pi}{\beta}\frac{\Delta\nu}{\mathrm{FSR}}\right)^2}}\arctan\left[\frac{2\pi R\beta}{1-R}\sqrt{1-\left(\frac{\pi}{\beta}\frac{\Delta\nu}{\mathrm{FSR}}\right)^2}\right] \tag{3-30}$$

假设谐振腔腔镜的光强反射率 $R=0.96$，相位调制系数 $\beta=0.7$，则可以得到谐振腔光强透射率 T_I 随激光频率与谐振频率相对偏差 $\Delta\nu/\mathrm{FSR}$ 变化的仿真曲线如图 3－8 所示。

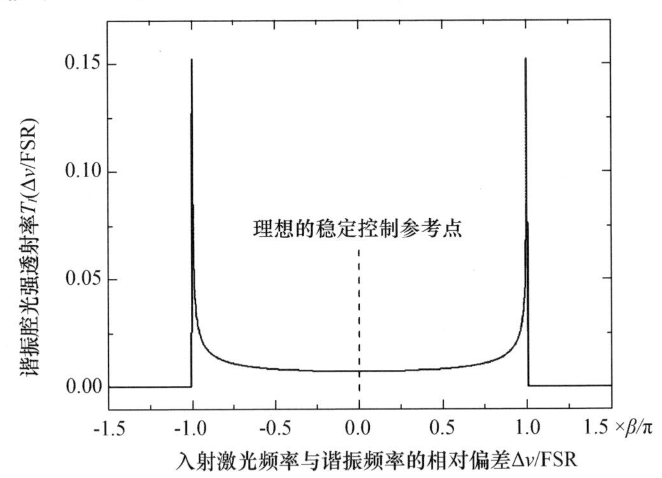

图 3－8　谐振腔光强透射率 T_I 随激光频率与谐振频率相对偏差 $\Delta\nu/\mathrm{FSR}$ 变化的仿真曲线

如图3－8所示,生成光学频率梳的谐振腔光强透射曲线呈M型,两个峰值分别对应 $\Delta\nu/\mathrm{FSR} = \pm\beta/\pi$ 的位置。根据上述讨论分析,图3－8中 $\Delta\nu/\mathrm{FSR}=0$ 的位置为理想的光学频率梳稳定控制参考点。另外由式(3－33)可知,谐振腔光强透射曲线为周期性曲线,其周期为 $\Delta\nu/\mathrm{FSR}=1$。根据该周期特性和上述两透射峰值的位置,可以对实验曲线中的相位调制系数进行估算。

3.3　基于Pound－Drever－Hall原理的光学频率梳稳定控制方法

持续稳定的光学频率梳是实现基于双光频梳的多波长干涉测距方法的重要保障,其频率稳定性严重影响绝对距离的测量精度,因此实现高精度的光学频率梳稳定控制是本书的一项重要内容。对于该光学频率梳稳定控制技术而言,生成以理想稳定控制点为基准,高稳定性、高灵敏度的误差信号是其实现的关键所在。

由于光学谐振腔的选频透射特性,因此只有频率为腔谐振频率整数倍的激光频谱才能从谐振腔透射。对于前面论述的基于谐振腔增强相位调制效应的光学频率梳生成方法而言,为实现光学频率梳的各个梳齿从光学谐振腔高效率的输出,需要满足两个方面的条件:一方面,入射激光的频率 ν_0 应为谐振腔自由光谱范围FSR的整数倍,以保证入射激光能够高效率地由光学谐振腔透射;另一方面,相位调制频率 f_m 应为谐振腔自由光谱范围FSR的整数倍,以保证生成的各阶调制边带能够从谐振腔内高效率地出射。

理论上讲,上述两方面共需要两套反馈控制系统得以实现:一套以所需的相位调制频率 f_m 为基准对谐振腔腔长进行反馈调节,保证所生成的光学频率梳梳齿间隔满足测距要求;另一套以谐振腔的自由光谱范围FSR为基准对入射激光频率 ν_0 进行反馈调节,以最大程度的利用源激光生成光学频率梳。但在实际的使用过程中,入射激光通常已经得到高精度的频率稳定控制。若以入射激光频率为基准对谐振腔腔长进行稳定控制,其腔长反馈调节量小于 100 nm。相比实际使用约 100 mm 的谐振腔腔长,该调节范围带来的腔自由光谱范围 FSR 变化可以忽略不计。因此,可由谐振腔腔长的精密预调节实现腔谐振频率与相位调制频率的匹配,从而使参考入射激光频率的谐振腔腔长反馈控制成为系统中唯一需要的反馈回路,极大地简化系统结构。

现有的光学频率梳稳定控制方法中,扫描谐振腔法需要额外的谐振腔腔长调制,生成的光学频率梳频谱带有附加频率调制信号[102],透射频率梳齿间拍频相位探测法需要分离部分光学频率梳用于反馈控制[98],这些方法都不能很好地满足本书内容对于高梳齿功率、特定梳齿频谱光学频率梳的要求。针对这一问题,根据前一节对谐振腔增强相位调制型的光学频率梳生成方法的深入分析与讨论,本节在简要介绍 Pound - Drever - Hall 稳频原理的基础上,对基于该原理的频率梳稳定控制方法进行详细分析,建立其误差信号的生成模型。

3.3.1 Pound - Drever - Hall 稳频控制原理

1983 年,美国科学家 R. W. P. Drever 和 J. L. Hall 根据 R. V. Pound 的相关理论提出了 Pound - Drever - Hall 激光稳频方法[115]。该方法由稳定的光学谐振腔提供频率基准,利用对激光频率的调制与解调得到其与谐振腔基准频率的差值,根据所生成的误差信号对激光器进行反馈控制,最终实现高精度稳频[116-118]。由于其误差信号具有较高信噪比,系统结构简便易用,因此 Pound - Drever - Hall 稳频方法已经成为现有激光稳频技术中最重要的一种。以该方法进行频率稳定的科研及商用激光器在激光冷却与原子捕获、精密光谱学、高精度引力波探测等领域中发挥着重要的应用[118-123]。

图 3-9 所示为 Pound - Drever - Hall 稳频方法原理图。角频率为 ω 的激光经隔离器抵达调制频率为 ω_m、调制系数为 β 的相位调制器。若仅考虑一阶调制边带,经相位调制后其电场强度可以表示为

$$\begin{aligned} E_1 &= E_0 e^{-j(\omega t + \beta \sin \omega_m t)} \\ &\approx E_0 [J_0(\beta) e^{-j\omega t} + J_1(\beta) e^{-j(\omega + \omega_m)t} - J_1(\beta) e^{-j(\omega - \omega_m)t}] \end{aligned} \quad (3-31)$$

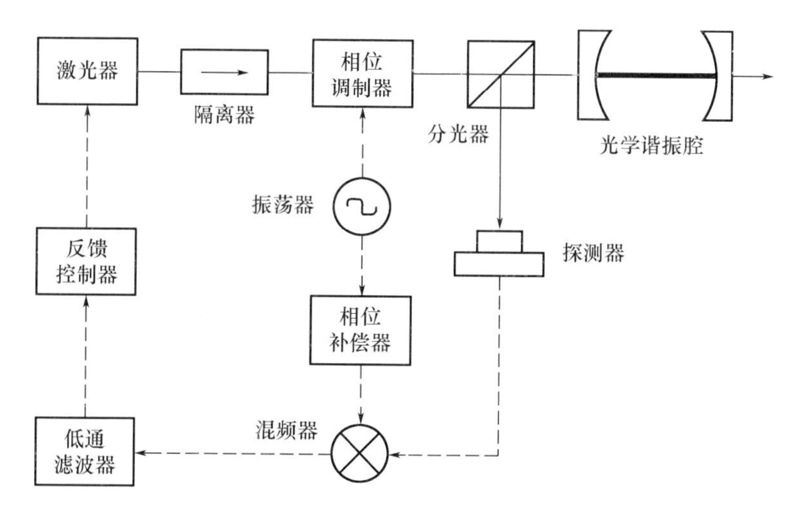

图 3－9　Pound－Drever－Hall **稳频方法原理图**

调制后的激光透过分光镜后抵达光学谐振腔。根据 3.2.2 节对于光学谐振腔的介绍,其对于入射光具有选频透过的特性,即只有频率与谐振腔谐振频率整数倍相一致的入射光才能有效透射,其他频率激光将被反射。假定谐振腔腔镜的光强反射率为 R,则谐振腔对应的总电场强度反射率 $R(\omega)$ 可表示为

$$R(\omega)=\frac{E_{\mathrm{r}}}{E_{\mathrm{in}}}=\sqrt{R}\,\frac{1-\mathrm{e}^{-\mathrm{j}2\varphi}}{1-R\mathrm{e}^{-\mathrm{j}2\varphi}}=\sqrt{R}\,\frac{1-\mathrm{e}^{-\mathrm{j}\frac{\omega}{\mathrm{FSR}}}}{1-R\mathrm{e}^{-\mathrm{j}\frac{\omega}{\mathrm{FSR}}}} \tag{3-32}$$

对于式(3－32)所示的入射光电场强度,可知其对应的反射光电场强度 E_{r} 为

$$E_{\mathrm{r}}=E_0[J_0(\beta)R(\omega)\mathrm{e}^{-\mathrm{j}\omega t}+J_1(\beta)R(\omega+\omega_{\mathrm{m}})\mathrm{e}^{-\mathrm{j}(\omega+\omega_{\mathrm{m}})t}-J_1(\beta)R(\omega-\omega_{\mathrm{m}})\mathrm{e}^{-\mathrm{j}(\omega-\omega_{\mathrm{m}})t}] \tag{3-33}$$

由式(3－33)可以得到谐振腔反射光的光强 I_{r} 为

$$\begin{aligned}I_{\mathrm{r}}&=|E_{\mathrm{r}}|^2=E_{\mathrm{r}}E_{\mathrm{r}}^*\\&=P_0J_0^2(\beta)|R(\omega)|^2+P_0J_1^2(\beta)[|R(\omega+\omega_{\mathrm{m}})|^2+|R(\omega-\omega_{\mathrm{m}})|^2]+\\&\quad 2P_0J_0(\beta)J_1(\beta)\{\mathrm{Re}[R(\omega)R^*(\omega+\omega_{\mathrm{m}})-R^*(\omega)R(\omega-\omega_{\mathrm{m}})]\cos\omega_{\mathrm{m}}t+\end{aligned}$$

$$\mathrm{Im}[R(\omega)R^*(\omega+\omega_m)-R^*(\omega)R(\omega-\omega_m)]\sin\omega_m t\}+\text{其余}\,2\omega_m\,\text{项} \tag{3-34}$$

式中　P_0——入射激光的光强，$P_0=|E_0|^2$。

上述反射光由光学谐振腔前的分光器反射至图 3-9 中的探测器。其首先将反射光转化为电压信号 $S_r=AI_r$，再与相位补偿后的调制信号 S_d 混频以进行解调制处理，最后经低通滤波 $h(\omega)$ 处理后得到传输给反馈控制器的误差信号 S_{err}。适当地调整相位补偿器可以使得低通滤波后仅留下式中的 $\cos\omega_m t$ 项。此时，误差信号 S_{err} 可以表示为

$$\begin{aligned}S_{err}&=h(\omega)S_rS_d\\&=AP_0J_0(\beta)J_1(\beta)\mathrm{Re}[R(\omega)R^*(\omega+\omega_m)-R^*(\omega)R(\omega-\omega_m)]\\&=AP_0J_0(\beta)J_1(\beta)\frac{2\omega_m R(1-R)^2\sin\frac{\omega}{\mathrm{FSR}}}{\mathrm{FSR}\left(2R\cos\frac{\omega}{\mathrm{FSR}}-1-R^2\right)^2}\end{aligned} \tag{3-35}$$

若假设 $\Delta\nu$ 为激光频率与相邻谐振腔谐振频率之差，则式(3-35)可表示为

$$S_{err}=AP_0J_0(\beta)J_1(\beta)\frac{2\omega_m R(1-R)^2\sin\left(2\pi N+\frac{2\pi\Delta\nu}{\mathrm{FSR}}\right)}{\mathrm{FSR}\left[2R\cos\left(2\pi N+\frac{2\pi\Delta\nu}{\mathrm{FSR}}\right)-1-R^2\right]^2} \tag{3-36}$$

与此同时，光学谐振腔的透射光强 I_t 可以近似表示为

$$I_t=\frac{(1-R)^2}{(1-R)^2+4R\sin^2\left(2\pi N+\frac{2\pi\Delta\nu}{\mathrm{FSR}}\right)} \tag{3-37}$$

由式(3-36)和式(3-37)可知，Pound-Drever-Hall 稳频方法的相对误差信号与光学谐振腔的相对透射光强在谐振频率附近的仿真曲线如图 3-10 所示。由图 3-10 可以清楚地发现，其误差信号的中心零点对应 $\Delta\nu=0$，该位置入射激光频率与谐振腔的谐振频率完全一致。中心零点附近的误差信号单调递增分布，有利于在此范围内实现高精度的反馈控制。

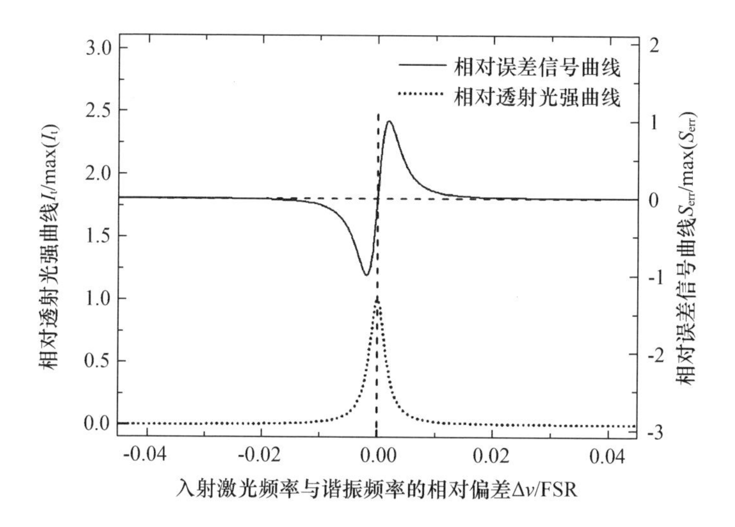

图 3 – 10　Pound – Drever – Hall 稳频方法的相对误差信号与光学谐振腔的相对透射光强在谐振频率附近的仿真曲线

3.3.2　基于 Pound – Drever – Hall 原理的光学频率梳稳定控制方法

基于 Pound – Drever – Hall 原理的控制方法不仅可以参考光学谐振腔实现对激光器的稳频控制，也可以参考高精度稳频激光实现对光学谐振腔的反馈控制。但如果在生成光学频率梳的谐振腔前进行额外相位调制，希望以此直接应用 Pound – Drever – Hall 原理进行光学频率梳稳频，则得到相对误差信号与相对透射光强实验曲线如图 3 – 11 所示。由图 3 – 11 可知，当直接用 Pound – Drever – Hall 原理进行光学频率梳稳频时，其生成的误差信号存在两个控制零点，分别对应 M 型扫描谐振腔透射曲线的两个峰值。而根据 3. 2. 2 节的讨论可知，光学频率梳的理想稳定控制点对应 $\Delta\nu/\mathrm{FSR}=0$ 的位置。因此，直接应用 Pound – Drever – Hall 原理进行光学频率梳稳定控制无法达到理想的效果，所生成的光学频率梳无法达到最大的光谱范围，甚至无法确定被锁定的透射峰值位置。

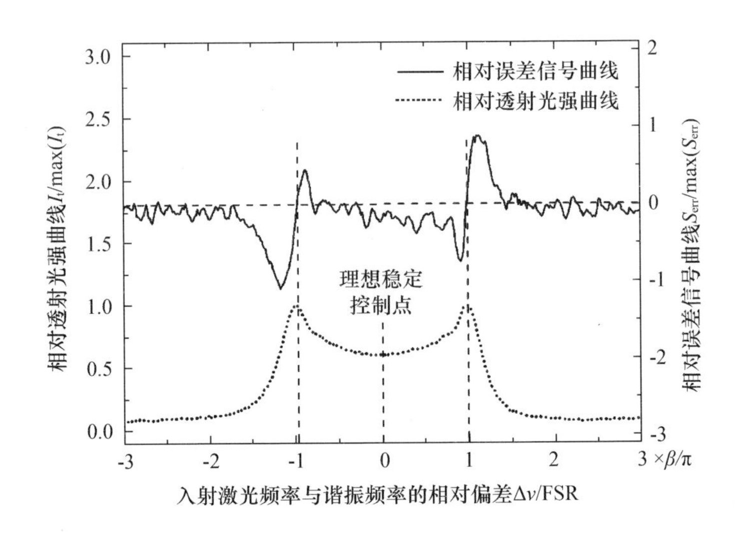

图 3－11　直接应用 Pound－Drever－Hall 原理进行光学频率梳稳频的相对误差信号与相对透射光强实验曲线

Pound－Drever－Hall 方法的核心在于使用相位调制信号对谐振腔反射的边带信号进行解调，以此获取谐振腔的相位信息进行反馈控制。考虑到在光学频率梳生成过程中已经包含相位调制，本书提出了一种基于Pound－Drever－Hall 原理的光学频率梳稳定控制方法。该方法应用光学频率梳生成过程的相位调制提供 Pound－Drever－Hall 方法所需的相位调制信号，简化了稳定控制系统的结构，避免了额外的相位调制，并通过提取谐振腔反射光提高了可用的透射光学频率梳光强。基于 Pound－Drever－Hall 原理的光学频率梳稳定控制方法示意图如图 3－12 所示。激光经隔离器和分光器到达生成光学频率梳的相位调制增强谐振腔，前腔镜的回射光包含腔镜的直接反射光和由此透射出谐振腔的相位调制光，其相互干涉并由分光器反射至光电探测器，利用相位补偿的相位调制驱动信号对该干涉信号进行解调获得误差信号，最终由反馈控制器调节连接于后腔镜的压电陶瓷驱动器（PZT）驱动电压，以此对谐振腔长进行精密控制使谐振腔自由光谱范围锁定于相位调制频率。

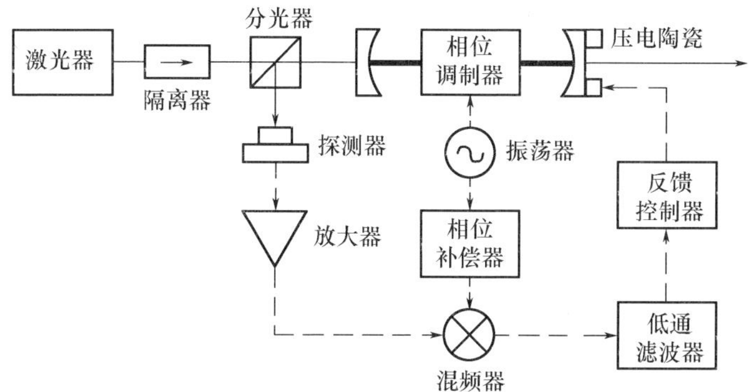

图3-12　基于 Pound-Drever-Hall 原理的光学频率梳稳定控制方法示意图

为得到该控制方法的误差信号模型,可利用电场强度叠加计算法对反射光光强进行分析。根据3.2.1节的内容,可得到反射光的电场强度 E_r 为

$$\begin{aligned}E_r &= E_{in}\left(\sqrt{R} - T\sqrt{R}e^{-j2\varphi}\sum_{n=0}^{\infty}R^n e^{-j2n\varphi}\right)\\ &= E_{in}\sqrt{R}\left\{1 - T\sum_{n=0}^{\infty}R^n e^{-j2(n+1)\alpha}\sum_{k=-\infty}^{\infty}J_k[2(n+1)\beta]e^{-jk\omega_m t}\right\}\end{aligned} \tag{3-38}$$

根据反射光光强 I_r 与反射光电场强度 E_r 的关系,可以得到反射光光强 I_r 为

$$\begin{aligned}I_r &= |E_r|^2 = E_r E_r^*\\ &= P_{in}R\left\{1 - T\sum_{n=0}^{\infty}R^n e^{-j2(n+1)\alpha}[\cdots + J_{-1}(\beta_n)e^{-J\omega_m t} + J_0(\beta_n) + J_1(\beta_n)e^{j\omega_m t} + \cdots]\right\}\times\\ &\quad \left\{1 - T\sum_{n=0}^{\infty}R^n e^{j2(n+1)\alpha}[\cdots + J_{-1}(\beta_n)e^{j\omega_m t} + J_0(\beta_n) + J_1(\beta_n)e^{-j\omega_m t} + \cdots]\right\}\\ &= P_{in}R\Bigg\{1 + 2\cos(\omega_m t)T^2\sum_{k=-\infty}^{+\infty}\sum_{m,n=0}^{+\infty}R^{m+n}J_k(\beta_n)J_{k+1}(\beta_m)\cos\left[(m-n)\frac{\omega}{\mathrm{FSR}}\right] +\\ &\quad 2\sin(\omega_m t)\left\{T^2\sum_{k=-\infty}^{+\infty}\sum_{m,n=0}^{+\infty}R^{m+n}J_k(\beta_n)J_{k+1}(\beta_m)\sin\left[(m-n)\frac{\omega}{\mathrm{FSR}}\right] -\right.\\ &\quad \left.2T\sum_{n=0}^{\infty}R^n J_1(\beta_n)\sin\left[(n+1)\frac{\omega}{\mathrm{FSR}}\right]\right\} + (\text{其余 } 2\omega_m \text{ 及更高频率分量})\Bigg\}\end{aligned} \tag{3-39}$$

式中　P_0——入射激光的光强，$P_0 = |E_0|^2$。

上述反射光的光强 I_r 由图 3－12 中探测器转化为电压信号 $S_r = AI_r$，再与相位补偿后的调制信号 S_d 混频以进行解调制处理，最后通过低通滤波 $h(\omega)$ 得到用于反馈控制的误差信号 S_{err}。若对解调信号的相位进行适当调整，可以使低通滤波后的误差信号 S_{err} 仅留下式中的 $\sin(\omega_m t)$ 项。又由于谐振腔镜的透射率 $T \to 0$，且贝塞尔函数的绝对值始终小于 1，因此误差信号 S_{err} 中 $\sin(\omega_m t)$ 项的第一部分可以忽略不计。经过上述近似简化，将激光角频率 ω 用激光频率与谐振频率的偏差值 $\Delta\nu$ 替代，则误差信号 S_{err} 可以表示为

$$
\begin{aligned}
S_{err} &= h(\omega) S_r S_d \\
&= 4AP_0RT\sum_{n=0}^{+\infty} R^n \mathrm{J}_1[2(n+1)\beta]\sin\left[(n+1)\frac{\omega}{\mathrm{FSR}}\right] \\
&= 4AP_0RT\sum_{n=0}^{+\infty} R^n \mathrm{J}_1[2(n+1)\beta]\sin\left[2\pi(n+1)N + 2\pi(n+1)\frac{\Delta\nu}{\mathrm{FSR}}\right]
\end{aligned} \tag{3-40}
$$

假设相位调制系数 $\beta = 0.7$，谐振腔腔镜光强反射率 $R = 0.96$，同时根据 3.2.1 节中的讨论对式(3－40)中的无穷项叠加项进行近似，取 $n = 200$，则可以得到基于 Pound－Drever－Hall 原理的光学频率梳稳定控制误差信号。基于 Pound－Drever－Hall 原理的频率梳稳定控制误差信号与透射光强仿真曲线如图 3－13 所示。

由图 3－13 可知，基于 Pound－Drever－Hall 原理得到的光学频率梳稳定控制误差信号在透射光强大于零的范围内呈单调递增变化且仅有一个零点，该点位置与前面所述的理想稳定控制点完全一致。配合经典的 PID 反馈环节，该误差信号能够充分满足光学频率梳稳定控制的需要。

本书提出的基于 Pound－Drever－Hall 原理的光学频率梳稳定控制方法相对现有其他频率梳稳定控制方法具有两个明显的优点：首先，该方法不涉及腔长调制或额外相位调制，因此避免了对光学频率梳光谱的额外调制，消除了以其进行多波长干涉测距所得干涉信号中的噪声频谱；其次，该方法的误差信号利用谐振腔的反射光生成，并不影响生成的透射光学频率梳光

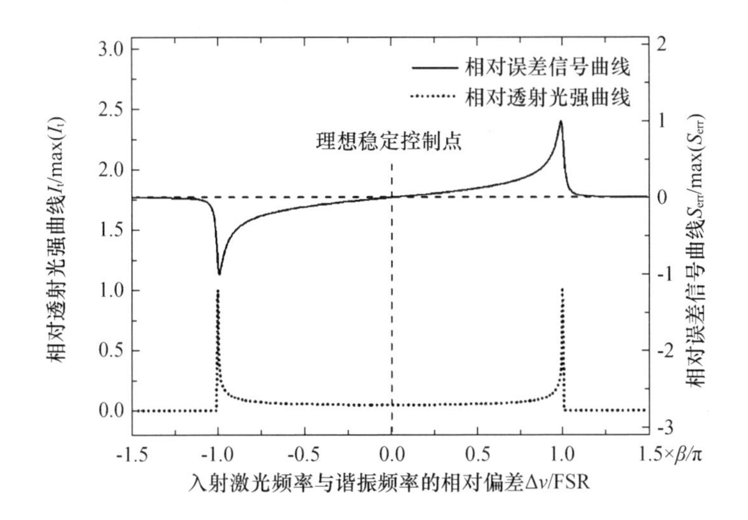

图 3-13 基于 Pound - Drever - Hall 原理的频率梳稳定控制误差信号与透射光强仿真曲线

强,这为实现大范围多波长干涉测距提供了重要的前提条件。

3.4 本章小结

本章详尽论述了该类型光学频率梳的生成原理,通过对激光电场强度的叠加计算建立了光学频率梳梳齿功率分布的精确模型。将该精确模型与现有近似模型进行了仿真分析对比。结果表明,本书所得的精确模型不再受相位调制系数影响,对模型中影响光学频率梳梳齿功率分布的两项重要参数即腔镜光强反射率 R 和相位调制系数 β 进行了仿真分析,优化了这两项参数在后续实验中的取值。

本章在对经典 Pound - Drever - Hall 激光稳频技术深入分析的基础上,提出了一种基于 Pound - Drever - Hall 原理的光学谐振腔稳定控制方法,利用该类型光学频率梳生成过程中的相位调制过程替代 Pound - Drever - Hall 必需的谐振腔前相位调制,通过叠加计算谐振腔反射光的激光电场强度建立了精确的反馈控制误差信号模型。仿真结果表明,该误差信号的稳定控制零点对应最大光谱范围的谐振腔位置。该方法不带有额外腔长或相位调制,因此未在干涉测距信号中引入额外噪声频谱,同时利用前腔镜反射光,提高了可用光学频率梳的光强。

第4章　多波长干涉测距相位信息提取技术

4.1　引　　言

对基于分立光源的多波长干涉测距方法而言，由于其激光波长相差较大，因此可以直接利用光栅等分光元件对各个波长激光进行空间分离，再分别探测和提取其测距相位信息。但在本书内容中，多波长光源为谐振腔增强相位调制型光学频率梳，受电光相位调制频率限制，相邻梳齿激光的波长间隔仅为0.01 nm甚至更小，现有的分光元件难以对其进行直接分光。为提取多波长干涉的测距相位信息，本书以中心频率偏频锁定、梳齿间距稍有不同的双光频梳为光源，利用外差干涉探测的原理将各梳齿的相位信息转移到不同的干涉信号频谱上。因此，如何生成满足上述频谱条件的双光频梳及如何对不同干涉信号频谱中的多梳齿测距相位信息进行高精度分离与提取成为实现本书内容的两个关键问题。

针对上述两个问题，本章在声光移频原理的基础上提出一种基于双声光移频和同步异频驱动技术的双光频梳生成方法，对参考原子时间基准的同步驱动信号生成过程进行分析，进行双光频梳干涉频谱的设计与优化。在此基础上，根据数字锁相探测原理对多波长干涉信号中各梳齿的测距相位信息进行分离与提取，为实现本书的测距方法提供信息提取与信号处理的理论支持和技术保障。

4.2 基于双声光移频和同步异频驱动的双光频梳生成

根据3.2.1节的分析讨论可知,基于谐振腔增强相位调制效应生成的光学频率梳,其中心频率为入射源激光的频率,梳齿间距由电光相位调制频率决定。为得到中心频率偏频锁定、梳齿间距稍有不同的双光频梳,本书由双声光移频效应生成偏频锁定的两束激光,以其为源激光利用谐振腔增强相位调制效应生成两束中心频率偏频锁定的光学频率梳,通过设置其电光相位调制的驱动频率实现梳齿间距的微小差别。本节对上述双光频梳生成过程进行详细论述分析。

4.2.1 声光移频效应原理

声光移频效应基于激光衍射原理。声光介质折射率曲线及声光栅示意图如图4-1(a)所示,具备纵波特性的声波在介质中传播时,引起的介质折射率周期性变化可等效为一个声光栅。激光通过该声光栅必然产生光学衍射现象,衍射光的频率、强度、方向由声光栅的参数决定。根据入射光掠射角的不同,该衍射表现为拉曼-奈斯(Raman-Nath)衍射和布拉格(Bragg)衍射[124]。本书利用声光调制实现光频偏移的需求,因此仅对布拉格衍射型声光调制原理进行简要分析。

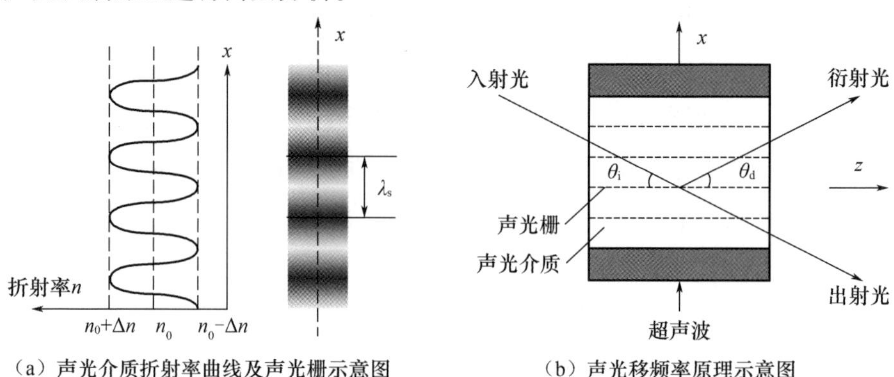

(a)声光介质折射率曲线及声光栅示意图 (b)声光移频率原理示意图

图4-1 声光调制移频原理示意图

声光移频率原理示意图如图 4－1(b)所示,假设角频率为 ω 的入射光沿与栅格呈 θ_i 的角度入射声光栅,其真空波长为 λ,在折射率为 n 的介质中波矢量系数 $k=2\pi n/\lambda$。假设角频率为 ω_s 的超声波波长为 λ_s,波矢量系数 $q=2\pi/\lambda_s$,由于超声波频率远低于光学频率,因此在声光作用的瞬间将声光栅的相位视为固定值 φ,此时 x 方向上声光调制器的折射率分布可以表示为

$$n(x)=n_0-\Delta n\cos(qx-\varphi) \tag{4-1}$$

式中　n_0 和 Δn——声光介质的平均折射率和折射率变化幅度。

声光介质的折射率调制幅度 Δn 与声波强度的平方根成正比,即

$$\Delta n=A\sqrt{I_s} \tag{4-2}$$

式中　A——声光介质特性相关系数。

为对衍射光强进行分析,假设入射光在声光介质中沿 x 方向传播距离为 L。考虑入射光在每个声光栅的微小平面都发生一次平面波反射的情况,则总的衍射光电场强度反射率 r 可以表示为

$$r=\int_{-\frac{L}{2}}^{\frac{L}{2}}\mathrm{e}^{\mathrm{j}2kx\sin\theta}\frac{\mathrm{d}r}{\mathrm{d}x}\mathrm{d}x \tag{4-3}$$

根据菲涅尔(Fresnel)公式对声光栅上的光波反射过程进行分析,可得到电场强度反射率 r 与该点折射率 n 的近似关系为

$$\mathrm{d}r=\frac{-1}{2n_0\sin^2\theta_i}\mathrm{d}n \tag{4-4}$$

由式(4－4)可以得到

$$\frac{\mathrm{d}r}{\mathrm{d}x}=\frac{\mathrm{d}r}{\mathrm{d}n}\frac{\mathrm{d}n}{\mathrm{d}x}=\frac{-1}{2n_0\sin^2\theta_i}[q\Delta n\sin(qx-\varphi)] \tag{4-5}$$

将式(4－5)代入式(4－3)中并积分,可得到衍射光的总电场强度反射率 r 为

$$r=\frac{-\mathrm{j}\pi q\Delta n}{2n_0\sin^2\theta_i}\frac{\sin\left[(q-2k\sin\theta_i)\dfrac{L}{2\pi}\right]}{q-2k\sin\theta_i}\mathrm{e}^{\mathrm{j}\omega_s t} \tag{4-6}$$

总电场强度反射率 r 在分母为零时达到最大值,此时的入射角度称为布拉格角 θ_B,其满足

$$\sin\theta_{B} = \frac{\lambda}{2n_0\lambda_{s}} \tag{4-7}$$

此时,若入射光电场强度 $E_{in}=e^{j\omega t}$,则衍射光电场强度 E_d 可表示为

$$E_d = rE_{in} = \frac{-j\pi q\Delta n}{2n_0\sin^2\theta_i}\frac{\sin\left[(q-2k\sin\theta_i)\dfrac{L}{2\pi}\right]}{q-2k\sin\theta_i}e^{j(\omega+\omega_s)t} \tag{4-8}$$

根据式(4－8),在上述的声光栅衍射过程中实现了对入射激光频率的偏移,频率偏移值与超声波频率相同。对于一般的声光移频器而言,该超声波频率由驱动信号频率决定。综合考虑上述分析过程中的数学近似和声光移频的饱和效应,实际的衍射光光强 I_d 可以表示为

$$I_d = I_{in}\sin^2|r|^2 = I_{in}\sin^2\left[2A^2\left(\pi n_0 L\frac{\lambda_s}{\lambda}\right)^2 I_s\right] \tag{4-9}$$

由式(4－9)可知,衍射光的光强 I_d 随超声波强度 I_s 增加在 $0\sim I_{in}$ 周期性变化,而超声波强度 I_s 与声光移频驱动信号的强度成正比。综上所述,通过调节声光移频过程中驱动信号的频率和强度,可以对光频偏移值和移频衍射光的光强进行精密控制。

4.2.2 基于双声光移频技术的偏频锁定光学频率梳源激光生成方法

尽管使用单个声光移频器即可实现两束偏频锁定源激光的生成,但直接使用这样的源激光进行光学频率梳生成存在两大问题。

第一个问题是单声光移频使得干涉信号的采集和处理难度较大。声光移频器的物理特性决定了其声光移频值无法小于 20 MHz,也决定了多波长干涉信号的频率同样处于这一量级。为保证干涉信号的测量精度,通常需要对信号进行高倍频过采样,这要求采样频率达到数百兆赫兹。在高速信号采集与处理过程中引入的电子兼容问题将对系统测量精度产生限制。同时,对高速采集得到大量测量数据进行的分析过程需要更长计算时间,这不可避免地将影响系统的测量速度,因此对高速、高精度距离测量提出极大挑战。

第二个问题是单声光移频使得残余的光强调制信号影响测量精度。在

实际的使用过程中，声光移频器不一定能够达到理想的布拉格衍射条件，因此经常在透射光和衍射光中残留超声波频率的光强调制信号。该光强调制信号将直接被光电探测器接收，再由信号处理单元传递到距离测量结果中产生测量误差。由于其直接包含在干涉光信号中，并与中心梳齿的干涉信号频率完全相同，因此无法使用任何空间滤波或者信号滤波方式对其进行去除。

基于双声光移频效应的光学频率梳源激光生成技术可以完全解决上述两方面问题。若使用驱动频率分别为f_1和$f_2(f_2>f_1)$的两个声光移频器对入射激光进行声光升频处理，则其第一级衍射光的干涉信号频率为$|f_1-f_2|$。因此，可以通过调整两个声光移频器的驱动频率保证干涉信号的频率值处于易于采集和处理的kHz频段。与此同时，干涉信号的频谱与声光移频过程中残留的光强调制频谱完全分离，距离测量结果不再受光强调制信号影响，从而一次性解决了上述两个关键性问题。

并联式双声光移频单元如图4－2(a)所示，常用的双声光移频单元采用并列结构放置两个声光移频器。该结构的双声光移频单元的光路结构平衡，生成的衍射与透射光携带较小的残余光强调制信号，但该结构双声光移频单元对入射激光功率的利用率有限。假设图4－2(a)中前端的分光比例为50%，最大声光移频效率为90%，则双声光移频后，移频衍射光1和3的光强分别为入射激光的45%，透射光2和4的光强分别为入射激光的5%。由于仅需要移频衍射光作为双光频梳的源激光，因此激光器的光强利用率仅为90%。

为最大限度地利用源激光，得到较高梳齿功率的双光频梳，本书采用了串联结构放置的双声光移频器生成双光频梳的源激光。串联式双声光移频单元如图4－2(b)所示，激光经过第一个声光移频器之后，移频衍射光1被分离作为第一束光学频率梳的源激光。直接透射光通过第二个声光移频器，所生成的移频衍射光3分离后用于生成第二束光学频率梳，最终的透射光2可用于进行激光器频谱监测。由于生成的两束源激光来自于经声光移频的同一台激光器，因此其相互之间的干涉信号频率仅与超声波频率f_1和f_2相关，对激光器的频率变化与漂移灵敏度较低。若采用与前一段分析相

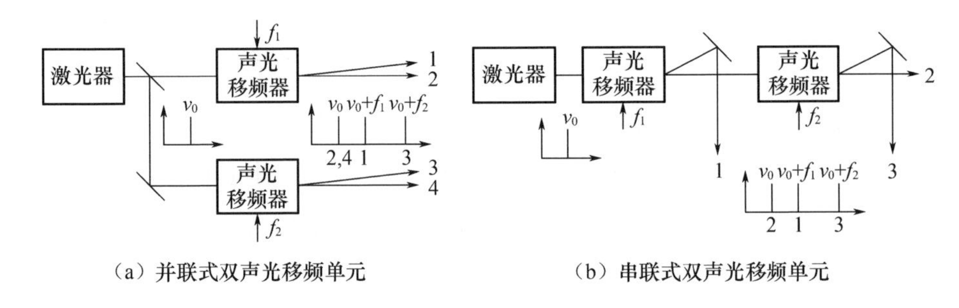

（a）并联式双声光移频单元　　　　（b）串联式双声光移频单元

图 4－2　并联式与串联式双声光移频单元结构

同的最大声光移频效率 90%，经优化以后两束源激光的总光强可达到激光器出射光的 94.7%。若双声光移频装置的源激光器总功率为 20 mW，串联结构比并联结构生成每束光学频率梳源激光的功率提升达到 0.47 mW。

综上所述，与并联结构的双声光移频装置相比，本书选用的串联结构双声光移频装置可对所生成光学频率梳的梳齿功率进行有效提升。与此同时，串联结构的双声光移频装置集成度更高，有利于该双光频梳光源的进一步小型化。

4.2.3　基于同步异频驱动技术的双光频梳生成方法

根据 2.3.1 节的论述，本书中基于双光频梳的多波长干涉测距方法要求双光频梳的频谱具有中心梳齿偏频锁定、梳齿间距稍有不同的特性。由前一节所述基于双声光移频效应的偏频锁定源激光生成技术，双光频梳的中心梳齿偏频锁定已经可以高精度实现。根据 3.2.1 节中光学频率梳的生成原理可知，光学频率梳的梳齿间距由电光相位调制频率决定。因此，利用不同频率的信号驱动电光相位调制器，可生成梳齿间距稍有不同的双光频梳，满足多波长干涉测距的要求。但由 2.3.3 节可知，梳齿间隔频率的不确定度是多波长干涉距离测量不确定度的一项重要来源。这一方面体现为双光频梳梳齿间隔频率的稳定度，另一方面体现为其梳齿间隔频率的准确度。其中，前者可以利用高稳定性的信号发生器得到保证，后者则要求生成双光频梳的电光相位调制信号高精度地同步于时间基准。

针对上述对双光频梳频谱的特殊要求，本书利用同步异频驱动技术进行了解决，基于同步异频驱动技术的双光频梳生成原理图如图 4-3 所示。双声光移频和电光相位调制的参考时钟信号由原子振荡时间基准提供，以此实现各调制驱动信号的同步。根据该时间频率基准，双声光移频的驱动信号直接由一台双通道信号发生器提供，双光频梳的中心梳齿移频值由该双通道信号发生器高精度设置。对于生成双光频梳的电光相位调制过程而言，由于其所需驱动信号频率超出了常用信号发生器的频谱范围，因此由两个高频信号发生器将另一台双通道信号发生器的输出信号进行倍频，再经功率放大后用于驱动电光相位调制器。这样双光频梳稍有不同的梳齿间距频率同样可以通过双通道信号发生器进行精确设定。

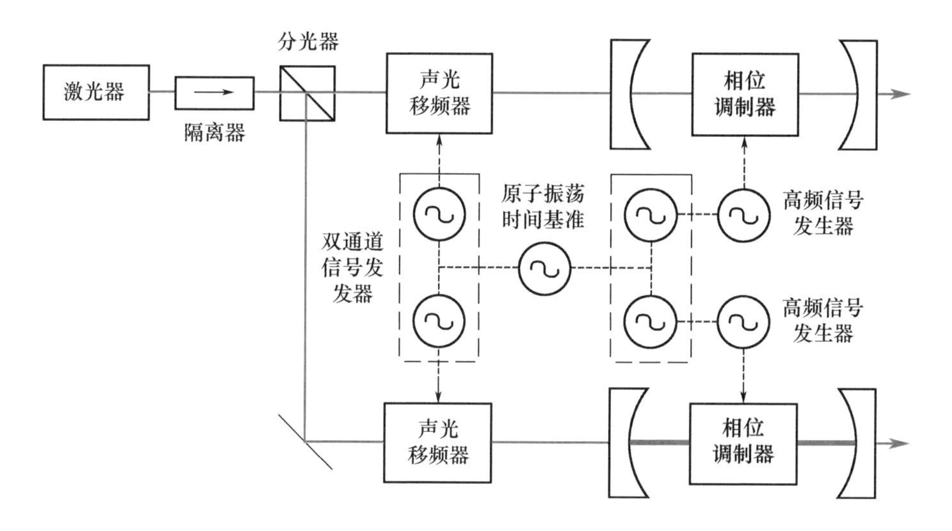

图 4-3　基于同步异频驱动技术的双光频梳生成原理图

现有的原子振荡时间基准的频率准确度可达到 $\pm 5\times10^{-11}$[125-127]，在上述过程中频率的传递与链接通过各级精密锁相环实现，能够保证输出信号的频率准确度与输入信号完全一致，残留的相位噪声小于 -105 dBc/Hz@10 kHz。因此，可推算由双光频梳梳齿间隔频率引入的多波长干涉测距不确定度小于 1×10^{-10}，使得该项不确定度来源对于测量结果的影响几乎可以忽略不计。

上述参考时间基准的同步异频驱动过程对于距离测量结果向米定义的溯源具有重要意义。最新的米定义由 1983 年的国际计量大会确定为“光在真空中行进 1/299 792 458 s 的距离”[103]。由于光在真空中的速度为常数，因此该定义实际上将距离基准米和时间基准秒的定义进行了链接。为实现对该米定义的溯源,经典的多波长干涉测距方法通过将各个激光的波长锁定至各个原子的振荡频率,导致系统结构复杂,限制了测量结果的不确定度。本书提出基于双光频梳的多波长干涉测距方法,直接通过对电光相位调制器的精密驱动实现了测距所用光学频率梳重复频率对时间基准的参考,保证了测量结果对米定义溯源的方便和精确。

4.3 基于数字锁相放大探测的多梳齿测距相位分离与提取方法

现有基于光学频率梳的绝对距离测量方法中,频率梳光谱分辨干涉测距法和双飞秒频率梳外差测距法都涉及对各个梳齿对应测距相位信息的分离和提取。其中,频率梳光谱分辨干涉测距法利用法布里 - 珀罗腔和光栅实现了对所需各个频率梳梳齿的光学分离,再通过线阵 CCD 对分离的频率梳干涉信号进行分别提取[88]。该方法基于零差干涉探测原理,能够有效分离和提取各梳齿的测距信息,但对于光路的调节精度要求极高,同时环境光等因素将对干涉信号的信噪比产生显著的影响。而现有基于双飞秒频率梳外差干涉测距法的测距方案都利用对干涉信号进行快速傅里叶变换(FFT)得到的干涉信号频谱,通过分析其相位频谱的斜率得到频率梳携带的测距信息[87]。该方法原理新颖,不需要对各频率梳梳齿的干涉信号进行分离即可提取测距信息,但对干涉信号频谱信噪比要求较高,在有较强噪声信号干扰时其傅里叶变换相位频谱的斜率可能发生较大改变,进而严重影响距离测量精度。

针对上述问题,为实现本书内容基于双光频梳的多波长干涉测距方法，对各梳齿对应的测距相位信息进行高精度的分离和提取,本书提出了基于数字锁相放大探测的多梳齿测距相位分离与提取方法。本节将着重对该方法的原理进行介绍,并对方法中基于平均原理的低通滤波器特性进行分析讨论。

4.3.1　基于数字锁相放大探测的多梳齿测距相位分离与提取原理

锁相放大探测技术(Lock - in Amplifier)于20世纪40年代被提出，将被测信号与一对频率与被测信号相同且相位相互正交的参考信号相乘，并对乘积信号低通滤波，可对被测信号的强度和相位信息进行高灵敏度的提取，同时极大地抑制其他频谱的噪声信号，大幅提高探测信噪比[128-130]。该技术因其强大的相敏检波能力而在各领域得到了广泛的应用，并由最初的模拟信号处理技术发展为数字信号处理技术[131-133]。

基于数字锁相放大探测的多梳齿测距相位信息提取原理示意图如图4-4所示，本书提出的多梳齿测距相位信息提取方法包括四个步骤：AD转换与采集、与同频参考信号相乘、低通滤波和反正切运算。以图2-6中双光频梳干涉生成的距离测量信号$S_{\mathrm{Meas}}(t)$为例，要分离并探测其中各个频率梳梳齿对应的测距相位信息，第一步需要将其由模拟信号通过AD转换转化为数字信号并采集。当采集频率为f_s时，获取的数字信号$S_{\mathrm{Meas}}[n]$可以表示为

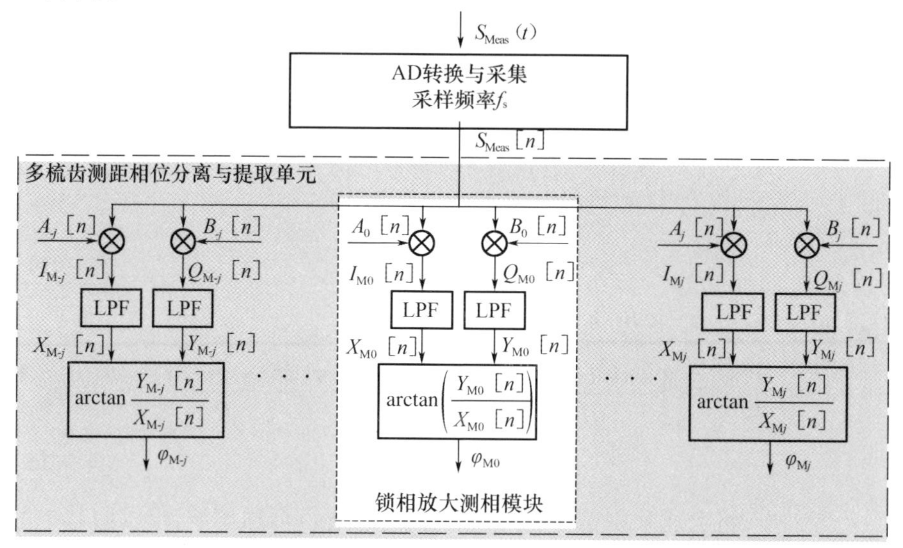

图4-4　基于数字锁相放大探测的多梳齿测距相位信息提取原理示意图

$$S_{\mathrm{Meas}}[n] = \sum_i \cos\left[\frac{2\pi(f_0 + if_r)n}{f_s} + \varphi_{\mathrm{M}i}\right] \tag{4-10}$$

式中 f_0——双光频梳的中心梳齿频率差；

f_r——双光频梳的梳齿间隔差；

i——光学频率梳的梳齿阶数；

$\varphi_{\mathrm{M}i}$——第 i 阶梳齿对应的测距相位值。

根据奈奎斯特采样定理(Nyquist Criterion)，AD 采集的采样频率 f_s 必须大于被采样信号最高频率的两倍，即

$$f_s > 2(f_0 + i_{\max} f_r) \tag{4-11}$$

式中 $i_{\max}$——i 的最大值，代表能够生成的最高频率梳梳齿阶数。

第二步，需要将采集得到的数字信号 $S_{\mathrm{Meas}}[n]$ 与参考信号 $A_j[n]$ 与 $B_j[n]$ 相乘。其中，参考信号 $A_j[n]$ 与 $B_j[n]$ 相互正交，并与第 j 阶频率梳梳齿的干涉信号频率相同，可以分别表示为

$$A_j[n] = \cos\frac{2\pi(f_0 + jf_r)n}{f_s} \tag{4-12}$$

$$B_j[n] = \sin\frac{2\pi(f_0 + jf_r)n}{f_s} \tag{4-13}$$

相乘结果 $I_{\mathrm{M}j}[n]$ 和 $Q_{\mathrm{M}j}[n]$ 可以分别表示为

$$\begin{aligned} I_{\mathrm{M}j}[n] &= S_{\mathrm{Meas}}[n] \times A_j[n] \\ &= \frac{1}{2}\sum_i \cos\left[\frac{2\pi(i-j)f_r n}{f_s} + \varphi_{\mathrm{M}i}\right] + \cos\left\{\frac{2\pi[2f_0 + (i+j)f_r]n}{f_s} + \varphi_{\mathrm{M}i}\right\} \end{aligned} \tag{4-14}$$

$$\begin{aligned} Q_{\mathrm{M}j}[n] &= S_{\mathrm{Meas}}[n] \times B_j[n] \\ &= \frac{1}{2}\sum_i \sin\left[\frac{2\pi(i-j)f_r n}{f_s} + \varphi_{\mathrm{M}i}\right] + \sin\left\{\frac{2\pi[2f_0 + (i+j)f_r]n}{f_s} + \varphi_{\mathrm{M}i}\right\} \end{aligned} \tag{4-15}$$

第三步，将上述乘积信号 $I_{\mathrm{M}j}[n]$ 和 $Q_{\mathrm{M}j}[n]$ 进行低通滤波，仅保留其中的直流分量。在这一过程中，式(4-14)和式(4-15)仅有 $i=j$ 的对应项得到保留，生成相应的实部信号 $X_{\mathrm{M}j}[n]$ 和虚部信号 $Y_{\mathrm{M}j}[n]$，即

$$X_{Mj}[n] = \frac{1}{2}\cos\varphi_{Mj} \tag{4-16}$$

$$Y_{Mj}[n] = \frac{1}{2}\sin\varphi_{Mj} \tag{4-17}$$

第四步，将式(4-16)和式(4-17)相除后进行反正切运算，即可获取干涉测量信号$S_{Meas}(t)$中第j阶频率梳梳齿的测距相位信息φ_{Mj}，即

$$\varphi_{Mj} = \arctan\frac{Y_{Mj}[n]}{X_{Mj}[n]} \tag{4-18}$$

需要注意的是，经过上述计算过程仅获取了第j阶梳齿的测距相位信息，从而实现了对第j阶梳齿相位信息的分离与提取。利用对应不同阶数梳齿频率的正交参考信号，重复上述计算过程即可将距离测量信号$S_{Meas}(t)$中所有梳齿的测距相位信息高精度地分离和提取。利用相似的信号处理过程，距离参考信号$S_{Meas}(t)$中的测距相位信息同样可以被分离并提取。由已知各梳齿的距离测量和参考相位，可根据2.3.2节的方法对待测距离进行解算。

与前面论述的两种测距相位信息提取方法相比，上述基于数字锁相放大探测的多梳齿测距相位分离与提取方法分别解决了以下两大技术难题。

一是该方法消除了光路结构和调节精度对于相位测量精度的限制。由于其对测距相位的分离和提取基于数字信号处理过程，与频率梳光谱分辨干涉测距法相比，该方法无需额外的梳齿分离和提取光学器件，因此测量精度不受光路结构及调节精度限制。同时，与频率梳光谱分辨干涉测距法所处理的零差干涉信号相比，该方法处理的外差干涉信号具有更强的抗干扰能力，能够有效抑制环境光的强度变化和激光光源能量波动对距离测量结果的影响。

二是该方法有效抑制了噪声频谱对于相位测量精度的影响，极大地提高了系统信噪比。与基于快速傅里叶变换的双飞秒频率梳外差干涉测距法相比，该方法基于锁相放大原理，能够对特定频率梳齿的相位信息进行针对性分离和提取。当探测信号中存在较强的噪声频谱时，基于快速傅里叶变换的测距相位提取方法无法分离噪声频谱，导致测量结果中包含噪声干扰。

而基于锁相放大原理的多梳齿测距相位提取方法利用混频和低通滤波这两个环节,限定了单次测量的敏感频带,从而将噪声信号有效滤除。

综上所述,对于本书提出基于双光频梳的多波长干涉测距方法而言,本节论述基于数字锁相放大探测的多梳齿测距相位分离与提取方法能够有效保证对各个梳齿测距相位信息的高精度分离与提取,其外差探测和锁相放大探测原理抑制了环境光干扰和噪声频谱对于测量精度的影响。

4.3.2 基于平均原理的低通滤波器的特性分析

由上一节的论述可知,锁相放大探测过程中的低通滤波过程对于抑制噪声信号的干扰来说至关重要。对于测量信号中的随机噪声,将测量数据直接进行数学平均计算是最简单且最有效的有限脉冲响应低通滤波器[131,132]。

假定周期信号频率为f,经过频率为f_s的信号采样后得到其离散信号,从其中选取平均时间T内连续的N_s个采样点进行平均,则只有当采集得到的周期信号在时间T内呈完整信号周期时平均结果为零,否则平均后的非零结果将混入直流量中。该均值低通滤波器的频响函数$H(f)$可以表示为

$$H(f) = \frac{\sin\left(\pi N_s \frac{f}{f_s}\right)}{N_s \sin\left(\pi \frac{f}{f_s}\right)} e^{\frac{-j\pi(N_s-1)f}{f_s}} \tag{4-19}$$

当信号频率f远低于采样频率f_s时,式(4-19)可以近似表示为

$$\begin{aligned} H(f) &= \operatorname{sinc} \frac{N_s f}{f_s} e^{\frac{-j\pi(N_s-1)f}{f_s}} \\ &= \operatorname{sinc}(fT) e^{\frac{-j\pi(N_s-1)f}{f_s}} \end{aligned} \tag{4-20}$$

由上述均值低通滤波器的频响函数,可以得到图4-5所示均值低通滤波器的频响曲线。可知,该低通滤波器的频响曲线呈逐渐衰减的振荡形式,根据滤波器3 dB带宽的定义可知,该均值低通滤波器的通带截止频率f_c约为$0.442/T$。同时可以发现,其频响曲线在某些特定的信号频率处为零,即

$$H\left(f = \frac{k}{T}\right) = 0 \tag{4-21}$$

式中，k 为小于 $N_s/2$ 的正整数。式(4－21)可以理解为，频率 $f = k/T$ 的信号在均值计算的时间 T 内表现为整数个信号周期，经过计算以后均值为零，而其他频率的信号经均值计算后仍有少许非零结果剩余，因此能够通过均值低通滤波器。以图 4－5 中的噪声频谱 f_{n1} 和 f_{n2} 为例，根据低通滤波器定义，对应 $f_{n1} < f_{n2}$ 应有噪声频谱 f_{n1} 的频响幅值高于噪声频谱 f_{n2}。但由于 $f_{n1} = 3/T$，因此其对应该均值低通滤波器的频响幅值为零，而噪声 f_{n2} 处于其所在区间频响幅值的极大值处。由上述分析可知，为达到最好的滤波效果，在设定均值低通滤波的平均时间 T 时，需要根据噪声信号和其他干扰信号的频谱对该平均时间 T 进行优化。尤其需要注意的是，需要避免相邻频率梳测距干涉信号的相互干扰。

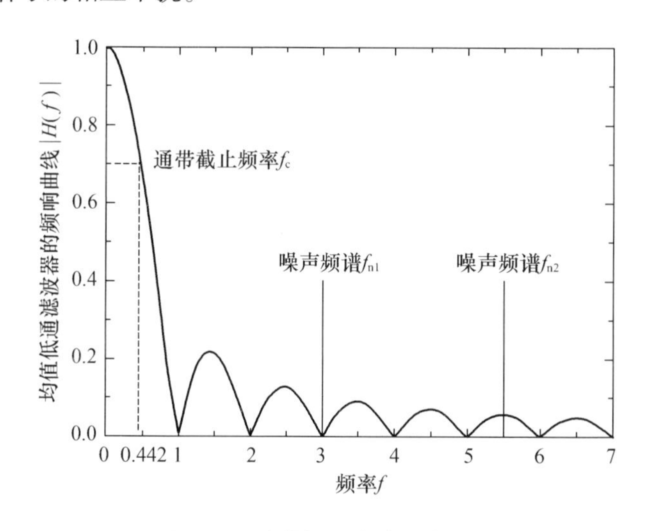

图 4－5　均值低通滤波器的频响曲线

不同平均时间 T 对应的均值低通滤波器频响曲线 $|H(f)|$ 和通带截止频率 f_c 如图 4－6 所示。可知，对应平均时间 T 分别为1 s、0.2 s 和 0.05 s 的均值低通滤波器，其频响曲线均符合上述规律，而其通带截止频率 f_{c1}、f_{c2} 和 f_{c3} 分别为 0.442 Hz、2.21 Hz 和 8.84 Hz。

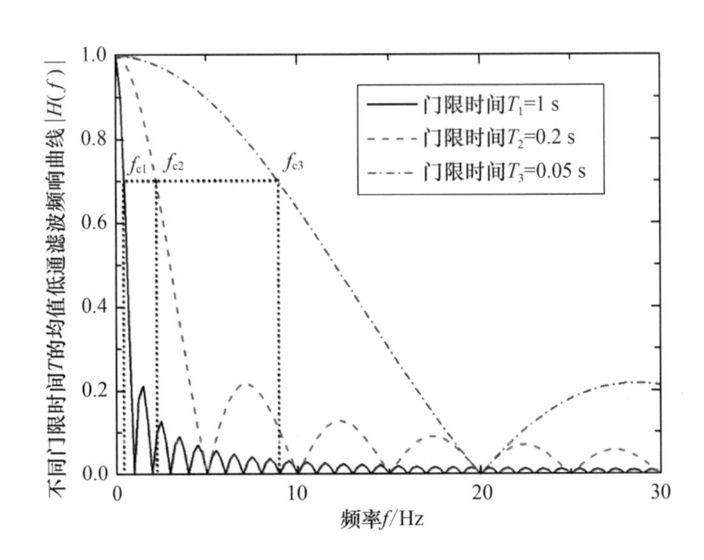

图 4-6　不同平均时间 T 对应的均值低通滤波器频响曲线 $|H(f)|$ 和通带截止频率 f_c

4.4　本章小结

本章在深入分析声光移频效应原理的基础上，论述了基于双声光移频技术的偏频锁定光学频率梳源激光生成方法；借助串联放置的两套声光移频器，在生成偏频锁定频率梳源激光的同时实现了对源激光利用率的最大化；为满足多波长干涉测距对于双光频梳中心梳齿偏频锁定、梳齿间距稍有不同的频谱要求，提出了基于同步异频驱动技术的双光频梳生成方法；利用原子振荡时间基准为各个信号发生单元提供基准时钟信号，由两台高精度的双通道信号发生器分别为声光移频过程和电光相位调制过程提供频率稍有偏差的源信号，经功率放大或信号倍频后实现同步异频驱动过程；结合前一章的光学频率梳生成原理，上述双光频梳生成方法保证了多波长干涉测距所需的频率梳光源，更证实了距离测量结果向米定义溯源的合理和可靠。

本章还实现了基于数字锁相放大探测的多梳齿测距相位分离与提取方法,对该方法的信号处理过程进行了详细论述,建立了该方法的精确数学模型,并对基于平均原理的低通滤波器特性进行了仿真分析,为实现基于双光频梳的多波长干涉测距方法提供了重要的技术保障。

第5章　测量系统设计与实验

5.1　引　　言

为验证本书基于双光频梳的多波长干涉测距方法的可行性，建立了一套基于双光频梳的多波长干涉测距系统。本章论述了该系统的关键设计，对其特性进行了测试实验及分析，最终在20 m范围内进行了基于双光频梳的多波长干涉测距实验。由于本书的主要目的是对基于双光频梳的多波长干涉测距方法进行分析和验证，因此上述工作均在实验室条件下完成。

5.2　基于双光频梳的多波长干涉测距系统设计

5.2.1　测量系统组成

基于双光频梳的多波长干涉测距系统结构示意图如图5－1所示，该测距系统包括双光频梳生成单元、干涉测距光梳发射与接收探测单元、多梳齿测距相位分离提取与待测距离结算单元几部分。其中，双光频梳生成单元的源激光由一台半导体激光器提供，利用双声光移频分光模块生成偏频锁定的两束光学频率梳源激光，经高斯光束整形与谐振腔耦合模块光束调整后进入谐振腔增强相位调制模块。根据Stanford Research Systems公司的PRS10型铷原子振荡时间基准提供参考频率（精度高达$\pm 5\times10^{-11}$），同步异频驱动信号生成模块利用双通道信号发生器Tektronix AFG3102和信号放大器为双声光移频分光模块提供了驱动信号，同时由另一台同型号双通道信号发生器配合高频锁相振荡器Atlantec APL－03－9.200－50－00实现了谐振腔增强相位调制模块的高效驱动，保证了中心梳齿偏频锁定、梳齿间距稍有不同的双光频梳生成。通过对光学谐振腔腔长的精密反馈控制，该单元内的稳定控制模块保证了信号与本振频率梳的持续稳定输出。在后续的干涉测距光梳发射与接收探测单元中，信号频率梳分为两部分：一部分直接与本振频率梳干涉生成参考信号，另一部分由目标镜反射后与本振频率梳干涉生成测量信号。两路干涉光信号由光电探测模块转化为电信号，并由信号放大采集模块转化为便于计算的数字信号。数字化的测量和参考干涉信号送入多梳齿测距相位分离提取与待测距离解算单元后，由数字锁相探测模块将各个梳齿所携带的测距相位信息分离并提取，最终根据这些测距相位信息，通过多尺度合成波长同步生成与多梳齿信息融合模块同步生成多个尺度的合成波长，实现大范围、高精度的距离测量，同时利用其多梳齿测距信息融合方法，进一步减小距离测量的不确定度。

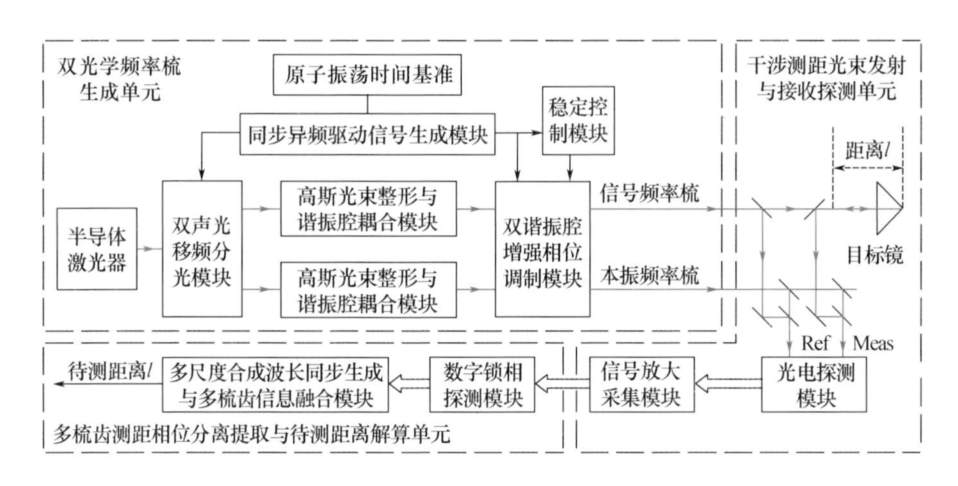

图 5－1　基于双光频梳的多波长干涉测距系统结构示意图

在上述模块中，双声光移频分光模块和同步异频驱动信号生成模块的设计已经在 4.2.2 节和 4.2.3 节中进行了论述。同时，数字锁相探测模块的结构也已经在 4.3.1 节中详细介绍过。因此，本章接下来的内容将主要对其他关键模块的设计进行讨论，而不再对这几个模块进行赘述。

5.2.2 双光频梳生成单元设计

双光频梳生成单元在整个距离测量系统中的作用至关重要,其所生成双光频梳的稳定持续时间、光强、梳齿数量与间隔频率等特性直接决定了多波长干涉距离测量的极限测量分辨力、信号噪声比,甚至整个方法能否得以实现。本节将着重介绍单元中核心的谐振腔增强相位调制模块。

1. 谐振腔增强相位调制模块

谐振腔增强相位调制模块由电光相位调制器、光学谐振腔及其调节机构组成。该部分的设计包含光学谐振腔腔长的选值及优化、谐振腔与相位调制器调整机构的搭建等内容。

本书的激光光源选用 Toptica DL pro 型半导体激光器,其光纤输出功率为 25 mW、波长为 826.64 nm、线宽为 200 kHz 的激光。为得到较小的合成波长以达到较高的测距精度,同时保证所匹配光学谐振腔的尺寸兼顾系统稳定性与易用性,最终选定 Newfocus 公司的 4851 型高频谐振电光相位调制器用于生成频率梳,其有效波长范围为 500 ~ 900 nm,调制频率为9.2 GHz,对于 826.64 nm 波长激光,其相位调制深度约为 0.064 2 rad/V,该器件在光束传播方向的尺寸为 57.9 mm。而谐振腔的腔镜选定为凹面曲率半径为 100 mm 的平凹透镜,其平面镀有 826 nm 波段的增透膜,凹面镀有该波段反射率为 96.4% 的反射膜。

为对谐振腔增强相位调制器的光学谐振腔长度进行优化设计,本书应用 VB.net 编写了光学谐振腔设计程序,光学谐振腔设计程序界面如图 5 -2 所示。该程序在匹配谐振腔谐振频率与相位调制频率的同时,综合考虑谐振腔内光束的直径和光学谐振腔的稳定条件,能够在保证腔内的光束不被相位调制器上的孔径遮挡的条件下得到稳定的光学谐振腔腔长。对应不同的谐振腔谐振频率与相位调制频率匹配系数,对谐振腔腔长、孔径处光束直径和腔镜处光束直径等参数的计算结果见表 5 -1。

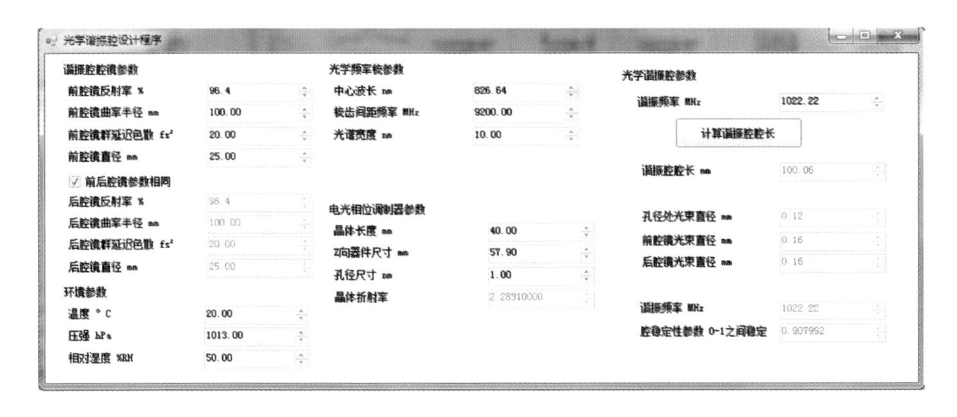

图 5－2　光学谐振腔设计程序界面

表 5－1　对应不同的谐振腔谐振频率与相位调制频率匹配系数，对谐振腔腔长、孔径处光束直径和腔镜处光速直径等参数的计算结果

（相位调制频率 f_m =9.2 GHz，相位调制器外尺寸 Z =57.9 mm，相位调制晶体长度 d =40 mm）

相位调制频率与腔谐振频率匹配系数	腔谐振频率 f_{res}/MHz	谐振腔腔长 l/mm	孔径处光束直径 w_1/mm	腔镜处光束直径 w_2/mm
6	1 533.333	<57.9	—	—
7	1 314.29	67.48	0.11	0.14
8	1 150	83.77	0.12	0.15
9	1 022.222	100.06	0.12	0.16
10	920	116.35	0.12	0.18
11	836.36	132.64	0.11	0.19
12	766.67	148.93	0.11	0.21

由表 5－1 可知，根据相位调制频率 9.2 GHz，腔谐振频率随匹配系数的增加而减小，而谐振腔腔长随之不断增大。相位调制器孔径处的光束直径在上述过程中变化很小，而腔镜处的光束直径随腔长的增加而增加。由上述仿真结果可知，当匹配系数小于 7 时，计算得到的谐振腔腔长小于电光相位调制器外尺寸，因此无法将调制器放入谐振腔产生调制边带增强效应。

为保证光学谐振腔的稳定性,应在保证谐振腔增强相位调制器便于调节的前提下,搭建尽可能短的谐振腔结构。在综合考虑了相位调制器和谐振腔腔镜的调节机构尺寸后,本书选取了匹配系数为 9 所对应的谐振腔腔长(100.06 mm)进行后续实验。

为保证光学谐振腔的稳定性,方便谐振腔腔镜和腔内相位调制器的空间位置和角度调节,本书使用 Thorlabs 公司的笼式光学系统(Cage System)作为光学谐振腔的搭建平台。谐振腔增强相位调制器实物照片如图 5 - 3(a)所示。其中,前腔镜直接固定于 KC1 型光学调整架上,便于进行水平和俯仰的二维空间角度调节。后腔镜调整结构如图 5 - 3(b)所示,首先固定在用于腔长反馈控制的压电陶瓷驱动器(PZT)上,再通过 KC1 调整架与笼式系统相接。电光相位调制器的空间位置与角度精密调节由两个三维调整台组合实现。相位调制器调整结构如图 5 - 3(c)所示,下方的 MBT616D 负责实现 X、Y、Z 三个方向的平移,上方的 TTR001 则保证三维的俯仰、倾斜和旋转,二者相配合实现了电光相位调制器空间六个自由度的精密调节与锁定。

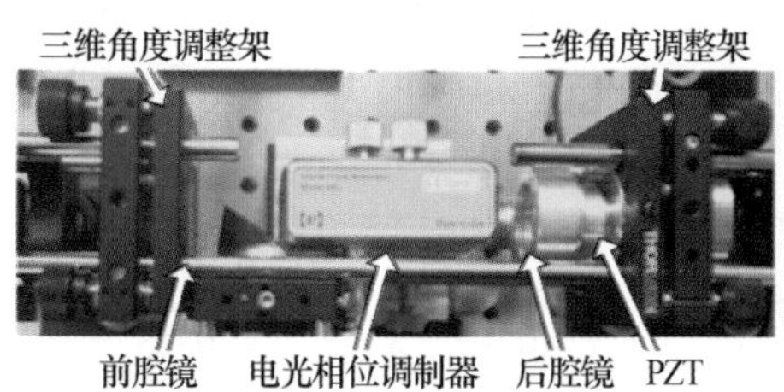

(a) 谐振腔增强相位调制器实物照片

(b) 后腔镜调整结构

(c) 相位调制器调整结构

图 5 - 3 谐振腔增强相位调制模块的设计实物照片

2. 双光频梳生成单元实物装置

整个双光频梳生成单元实物装置如图 5 - 4 所示。图中清楚地展示了单元所包含的半导体激光器、双声光移频分光模块、稳定控制模块光路、光束整形及耦合模块和谐振腔增强相位调制模块几部分。其中,光束整形及耦合模块通过对高斯光束进行调整,实现了入射激光与光学谐振腔最大程度的模式匹配。另外,为对双光频梳谐振腔扫描状态的透射光进行探测,在两套谐振腔增强相位调制型光学频率梳发生装置后分别安装了光电探测器,其将探测到的光强信号直接传输到示波器进行显示。同时,利用光谱仪对所生成光学频率梳的光谱进行监测,在图 5-4 中展示了通往高分辨力光谱仪的光纤接口。图 5-4 中下方的 F-P 标准具用于对半导体激光器的稳频控制过程提供频率参考。

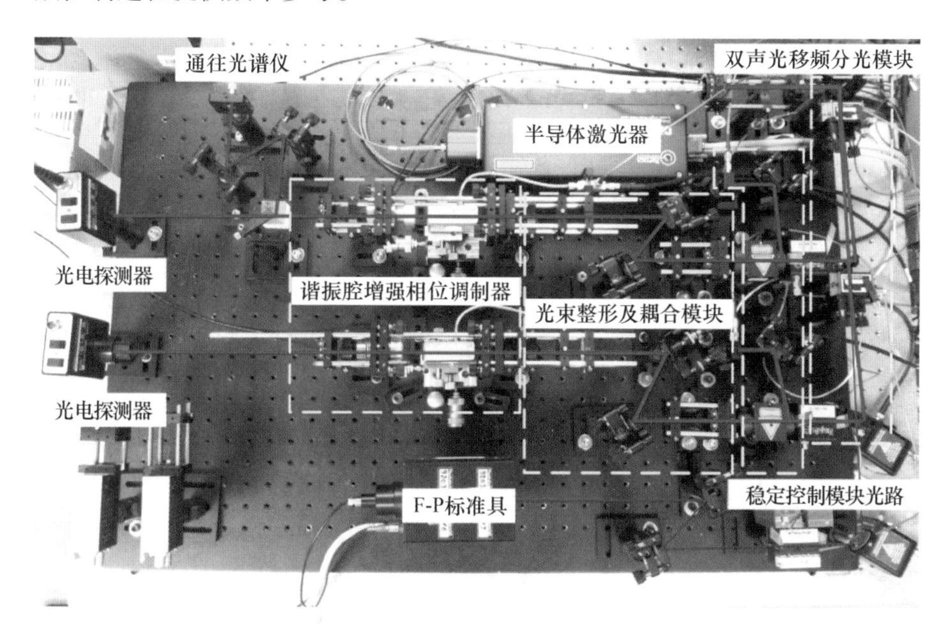

图 5-4　整个双光频梳生成单元实物装置

5.2.3　干涉测距光梳发射与接收探测单元设计

干涉测距光梳发射与接收探测单元的设计内容主要为测距光梳的发射与接收光路,应用分离式合束光路的光梳发射与接收探测单元如图 5-5(a)所示。信号频率梳在测距过程中分为两路:一路作为参考频率梳,直接与本振频率梳干涉生成参考干涉信号;另一路作为测量频率梳,经目标镜反射后回到测距系统与本振频率梳干涉生成测量干涉信号。在将参考频率梳与本振频率梳进行光学合束形成干涉的过程中,本书应用了分离式合束光路。与图 5-5(b)所示经典合束光路导致光梳混叠相比,该分离式合束光路能够有效抑制由光学器件和激光偏振态非理想导致的光学频率梳混叠现象。

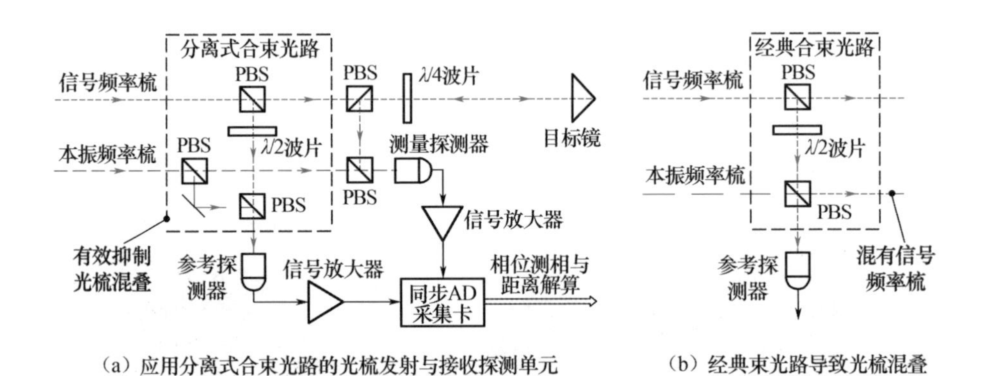

(a) 应用分离式合束光路的光梳发射与接收探测单元　　(b) 经典束光路导致光梳混叠

图 5-5　干涉测距光梳发射与接收探测单元结构示意图

除上述光路设计外,本单元对测量和参考信号进行了同步的探测、放大与采集。其中,光电探测器选用了 Femto 公司的 HCA-S-200M-SI 型集成光电探测器,其可探测光谱范围为 320~1 000 nm,800 nm 处的最大光电转换系数可达 1.1×10^4 V/W,探测带宽覆盖直流到 200 MHz 范围。通过两个结构和器件完全相同的反相放大电路对测量和参考信号的强度进行调整之后,利用 National Instruments 公司的 PCI-6143 型多通道同步采集卡对其进行了同步采集。该同步采集卡的采样速率达到 250 千次/s,分辨力达到 16 位。需要注意的是,该同步采集过程的时钟信号由生成双光频梳的同一原子振荡时间基准提供,这为精确提取多梳齿的测距相位信息、实现高精度距离测量提供了重要保证。

5.2.4　多梳齿测距相位提取与待测距离解算单元设计

前一节采集的数字化测量和参考信号被直接上传至计算机,由纯程序实现的多梳齿测距相位提取与待测距离解算单元进行后续的处理。多梳齿测距相位提取与待测距离解算程序的流程图如图 5-6 所示。受限于现有的数据处理速度,目前多波长干涉测距系统只能实现线下数据处理,即先对目标反射镜的位置进行一系列所需的测量并保存所有原始数据,再由图 5-6所示的多梳齿测距相位提取与待测距离解算程序对原始数据进行处理,得到目标镜的位置。

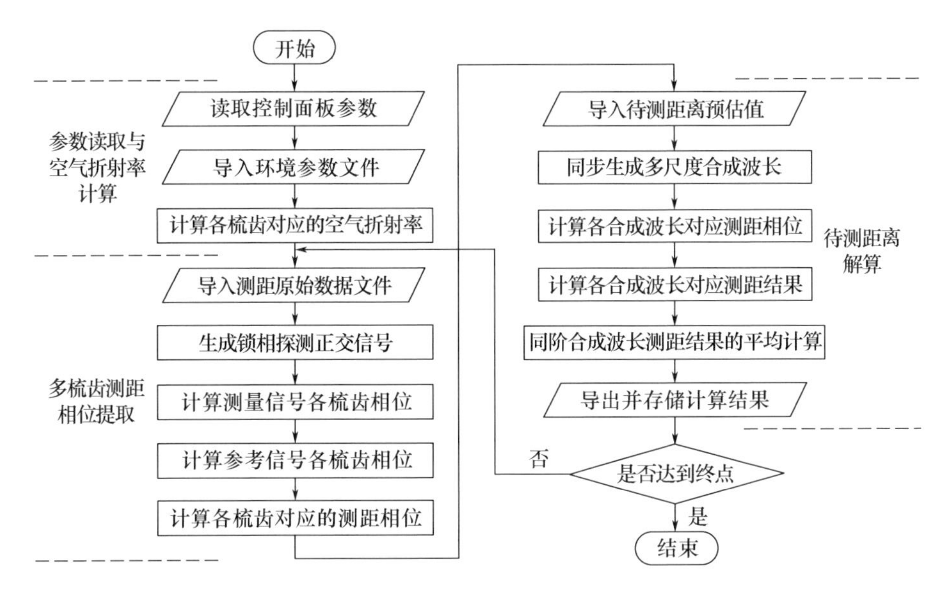

图 5 -6　多梳齿测距相位提取与待测距离解算程序

5.3　测量系统特性测试实验

针对上述基于双光频梳的多波长干涉测距系统中各单元和模块的设计,本书进行了一系列的实验对测距系统的特性进行测试,包括光学频率梳的稳定控制实验、双光频梳干涉实验、多梳齿测距相位分离与提取实验等。

5.3.1　光学频率梳的稳定控制实验与分析

3.3.2 节中,本书提出了一种基于 Pound - Drever - Hall 原理的光学频率梳稳定控制方法,对光学谐振腔扫描状态下光学频率梳的理想控制点进行了分析和讨论,并得到了理想的反馈控制误差信号精确建模。根据上述理论模型与分析预测,本书对扫描谐振腔透射光强和反馈控制误差信号进行了实验测试与分析,并使用光谱仪对所生成光学频率梳的光谱进行了高精度监测。

实验获得的扫描谐振腔透射曲线和稳定控制误差信号曲线分别如图

5－7中虚线和实线所示。可以观察到，扫描谐振腔透射曲线呈周期性变化，周期为光学谐振腔的自由光谱范围（FSR），其每个周期内的透射曲线呈M形。与图3－13中的仿真曲线对比可以发现，实测的扫描谐振腔透射曲线峰值宽度远大于仿真曲线。对应反射率为96.4%的谐振腔腔镜，理想的双腔镜光学谐振腔精细度（Finesse）可达到约86，但实际上受高斯光束参数与谐振腔内模式匹配程度、光束入射位置与角度等因素影响，实测的谐振腔精细度只能达到34，在置入电光相位调制器后，谐振腔的整体精细度仅为21。因此，根据精细度与透射峰宽度的反比关系，可以推测上述透射峰宽度的增加由非理想光学谐振腔结构与入射激光耦合导致。

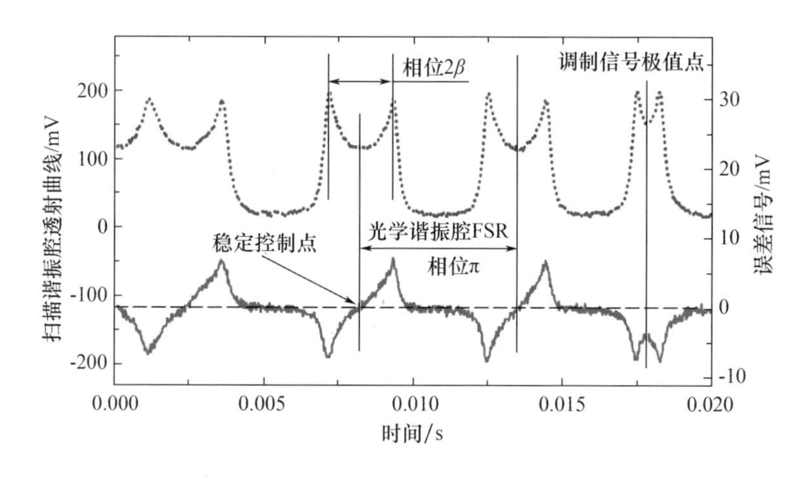

图5－7　扫描谐振腔透射曲线和稳定控制误差信号曲线

由图5－7还可发现，用于反馈控制的误差信号过零点对应扫描谐振腔透射曲线的M形透射带中间位置。根据3.3.2节中的相关讨论可知，该稳定控制点可生成最大光谱范围的光学频率梳。与此同时，两个相邻M形透射带的间距为一个光学谐振腔自由光谱范围（FSR），其对应的相位差为π。根据时间轴上的线性关系，可对M形透射带内两个透射峰的相差进行估算，该相差对应电光相位调制器相位调制系数β的两倍。根据这一原理，图5－7中的相位调制系数β可估算为0.668 rad。根据电光相位调制器在826 nm处0.064 rad/V的调制深度，可估算驱动信号功率为2.18 W，与实际使用的2.3 W驱动信号功率吻合度较高。

由上述得到的误差信号配合模拟 PID 控制电路，通过 Piezosystem 公司的 RA12/35SG 型压电陶瓷驱动器对光学谐振腔腔长进行精密控制，最终实现了持续稳定的光学频率梳生成。对于进入谐振腔前约 9 mW 的源激光，最终生成的光学频率梳总光强约为 0.2 mW，透射效率约为 2.2%。利用 Advantest 公司的 Q8347 型光谱仪对其光谱进行监测，可以观察到图 5－8 所示的归一化光学频率梳光谱。由该光谱可观察到，所生成的光学频率梳中心梳齿频率为 362.9 THz，其中清晰可见的梳齿数量为 33 条，对应9.2 GHz 的梳齿间距，相当于覆盖了 294.4 GHz 的光谱范围。

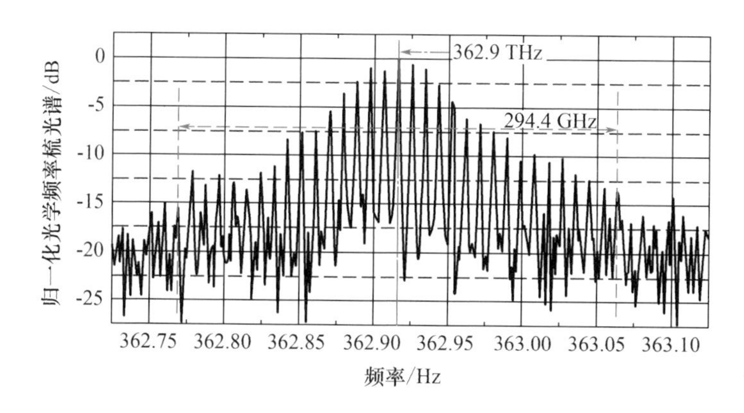

图 5－8　归一化光学频率梳光谱

5.3.2　双光频梳干涉实验

由于选定的多通道同步数据采集卡的最高采样率为 250 kS/s，根据奈奎斯特采样定理（Nyquist Criteria），能够有效采集的信号频率最高为 125 kHz。为保证所有梳齿的干涉信号都能够被有效采集，同步异频驱动模块提供的双声光移频驱动信号在 80 MHz 基础上相差 50 kHz，而提供给两个电光相位调制器的驱动信号频率在 9.2 GHz 的基础上设置了 2.392 kHz 的偏差。以此参数生成的双光频梳直接干涉，并由 Femto 公司的 HCA－S－200M－SI 型集成光电探测器探测后，利用 Rohde & Schwarz 公司 FSV30 型频谱仪可得到归一化的双光频梳干涉频谱，如图 5－9 所示。

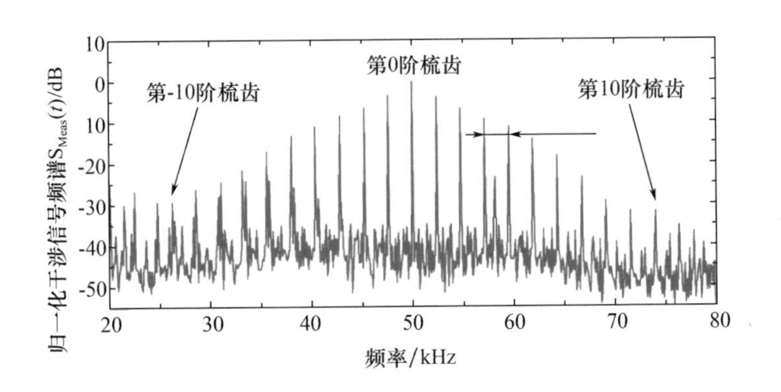

图5-9　归一化的双光频梳干涉频谱

由图5-9可清楚地观察到双光频梳干涉信号频谱的各项特性参数，中心梳齿的干涉信号频率为50 kHz，相邻梳齿的干涉信号频率相差2.392 kHz，与同步异频驱动模块的各项设置一致，证明了双光频梳的有效生成。进一步观察可以发现，该干涉信号频谱中能够有效分辨的梳齿数量多于21条，中心梳齿的信噪比达到40 dB，但信噪比随梳齿阶数提升而下降，对应第10阶梳齿的信噪比接近10 dB。在图5-9的低频段和高频段可以发现少量干扰信号，根据2.3.1节中式(2-21)及相关论述可知，这些高频和低频干扰信号由非同阶梳齿的互干涉作用生成。但利用本书中基于数字锁相放大探测的多梳齿测距相位提取方法，这些干扰信号将被基于平均原理的低通滤波器滤除，因此不会对距离测量结果的精度产生影响。

5.3.3　多梳齿测距相位分离与提取实验

高精度的获取各梳齿的测距相位信息对于实现本书的多波长干涉测距方法具有非常重要的意义。由于本书复杂的多波长干涉信号频谱，因此利用信号发生器提供的电学仿真信号不能完全对其信号进行模拟。为验证本书提出的基于数字锁相放大探测的多梳齿测距相位分离与提取方法，检验其对应算法的测量精度与分辨力，本书利用数学计算获得的仿真数据进行了一系列实验。

由5.3.2节可知，由双光频梳的干涉信号频谱可以观察到第±10阶梳齿的干涉信号，并根据实测的干涉信号频谱确定仿真信号频谱的关键参数，将进行实验的仿真数据设定为包含两路，一路仿真参考信号，另一路仿真测量信号。两路仿真信号都由 11 个频率的余弦信号相加生成，其中间频率为 50 kHz，频率间隔为 2.392 kHz。仿真参考信号中每个频率对应余弦信号的相位都为 0°，仿真测量信号中各频率对应余弦信号的相位从 -180° 到 180° 逐级相差 18°。第一组仿真数据中所有频率信号的幅度均为 1，模拟以 250 kS/s采样率对上述两路仿真信号采集 1 s 得到的结果。当使用 0.1 s 低通滤波平均时间对该仿真数据进行多梳齿测距相位提取后，得到的相位测量误差曲线如图 5 - 10(a)所示。

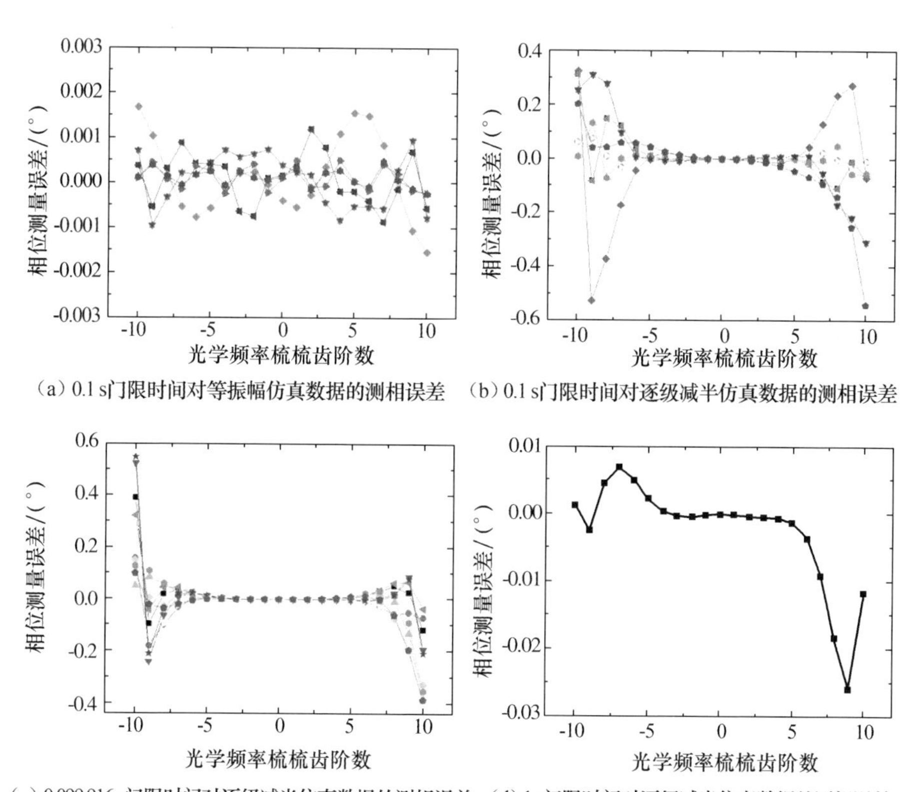

图 5 - 10　不同平均时间对逐级减半及等振幅仿真数据进行多梳齿测距相位提取的误差

在图 5 - 10 中可以观察到 10 条相位测量误差曲线，这是因为总的数据量对应 1 s 的采样时间，而图 5-10(a)的平均时间仅为 0.1 s，必须进行10 次相位提取才能将所有数据处理完毕，因此生成 10 条相位测量误差曲线。该原理对图 5-10(b)、图 5-10(c)和图 5-10(d)同样适用。由图 5-10(a)所示的曲线可以发现，本书提出基于数字锁相放大探测的多梳齿测距相位分离与提取方法能够有效地对等振幅仿真数据进行处理，在低通滤波平均时间 T 为 0.1 s 时，其全梳齿的相位测量误差小于 ±0.002°。

为进一步模拟实测双光频梳干涉信号，将图 5-9 中观察到相邻两梳齿的干涉信号衰减加入考虑。该信号衰减的逐级幅度约为 3 dB，即梳齿阶数每提升一阶，对应的干涉信号强度衰减一半。为此，设定第二组仿真数据的仿真参考信号和仿真测量信号，其中心频率余弦信号的幅度为 1，两侧边带频率的信号幅度逐级减半。同样使用低通滤波平均时间 T 为 0.1 s 的多梳齿测距相位分离与提取方法对第二组仿真数据进行处理，得到的相位测量误差曲线如图 5-10(b)所示。对比图 5-10(a)可发现，使用相同的参数和程序处理强度逐级减半的仿真数据时，只有信号幅度较大的中心 13 条梳齿相位测量误差小于 ±0.1°。该实验表明，由于高阶梳齿的信号强度过低，因此其测距相位提取过程受其他高强度梳齿影响而难以实现高精度测量。

根据 4.3.2 节中对数字平均低通滤波器的论述，在对低通滤波平均时间 T 进行合理设定后，可以对特定频率的干扰信号进行进一步抑制。此时要求该平均时间 $T=k/f$，其中 k 为整数，f 为干扰信号距有效信号的频谱间隔。对于第二组仿真数据中的各高阶梳齿干涉信号而言，干扰信号包括所有其他梳齿的信号频谱。考虑到其频谱间隔为固定的 2.392 kHz，设定 0.1 s附近的平均时间 $T=239/2\,392\approx0.099\,916$ s 进行对比实验，其对应的多梳齿测距相位提取误差如图 5-10(c)所示。对比图 5-10(b)可发现，图 5-10(c)中各测相误差曲线更加规律，各个梳齿的测相误差大幅减小，相位测量误差小于 ±0.1°的梳齿数量增加为中心的 17 条，但第 ±10 阶梳齿的测相误差范围基本没变。该对比实验证明，对低通滤波平均时间 T 进行优化，可大幅提高各梳齿测距相位的提取精度，但对于强度过低的信号而言，小幅度优化低通滤波平均时间 T 无法进一步减小其相位测量误差。

为此，图 5-10(d)展示了以 1 s 为低通滤波平均时间 T 的多梳齿测距相位提取误差曲线。该误差曲线仍然呈中间误差小,两侧误差大的趋势。但与0.099 916 s的平均时间 T 相比,整条曲线误差的幅度减小了一个数量级,这进一步证明了在增加均值计算的平均时间,相应减小低通滤波带宽后,其他梳齿信号的干扰效应得到抑制,多梳齿测距相位提取精度可以进一步提升。可以观察到,中心15条梳齿的相位测量误差小于±0.01°,但第7阶以上梳齿的测相误差随着阶数的提升有明显的增加,推测该现象是由于高阶梳齿具有较高频率,在固定采样频率的前提下导致单个信号周期内采样点减少,因此降低了相位测量精度。

为对本书基于数字锁相放大探测多梳齿测距相位提取方法的分辨力进行测试,设定了添加有相位步进的第三组仿真数据。该组仿真数据设定相位初始值为0.001°,相位步进为0.001°,步进数量为5,每个相位状态持续6 s。则以1 s为低通滤波平均时间 T 时,各梳齿的相位测量结果如图5-11所示。图中各梳齿的步进相位测量值基本重合,且测量得到的相位步进值与设定值吻合良好,表明该多梳齿测距相位提取方法及程序能够有效分辨第三组仿真数据中的0.001°相位步进。

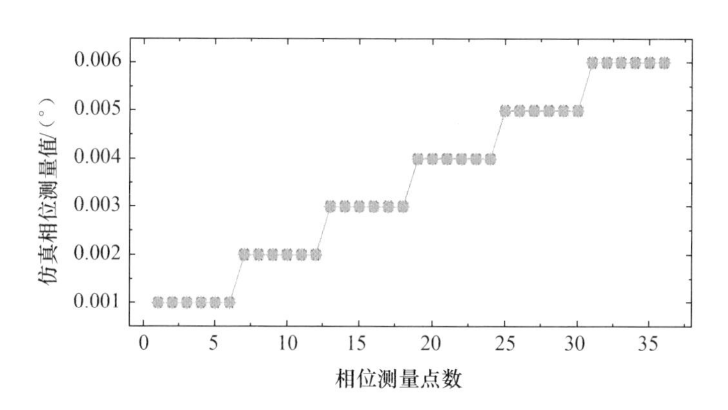

图5-11 以1 s为低通滤波平均时间 T 时,各梳齿的相位测量结果

5.4 基于双光频梳的多波长干涉测距实验

在对上述各关键单元进行特性测试后,本书对基于双光频梳的多波长干涉测距系统进行了实验验证。实验包括两部分内容:第一部分实验通过监测静止的目标反射镜 30 min,对多波长干涉测距系统的稳定性进行测试分析;第二部分实验则参考位移激光干涉仪进行了 20 m 范围的距离测量比对实验,以验证其实际距离测量特性。本节的最后将对该系统的距离测量不确定度进行详尽分析。

5.4.1 多波长干涉测距稳定性实验

多波长干涉测距的稳定性实验的目的是测试系统对静止目标的测量稳定性,并结合实测数据对多梳齿测距信息融合处理过程进行分析和优化。该实验利用基于双光频梳的多波长干涉测距系统,对约 20 m 远的静止目标反射镜连续监测 30 min,使用 1 s 的低通滤波平均时间对测量数据进行处理,直接通过获取的各梳齿测距相位信息可得到各阶次合成波长对应测距结果的标准差如图 5 – 12 中环形符号所示。可以观察到,各阶合成波长的测距结果标准差随合成波长阶数 m 的增加而逐渐减小。在 30 min 测量时间内,第 14 阶合成波长的测距结果对应最小的标准差 21.3 μm。

根据 2.3.2 节中的式(2 – 25)可知,若忽略公式中合成波长的整数倍部分,则待测距离 l_m 可以表示为

$$l_{\mathrm{m}} = \frac{\varphi_p - \varphi_q}{4\pi n_{\mathrm{g}}} \frac{c}{m f_{\mathrm{Sr}}} = \frac{\Delta\varphi_{\mathrm{m}}}{4\pi n_{\mathrm{g}}} \frac{c}{m f_{\mathrm{Sr}}} \tag{5-1}$$

若假定各梳齿相位 φ_{i} 测量的不确定度相互独立,同时假定各合成波长对应相位 $\Delta\varphi_{\mathrm{m}}$ 的不确定度相同,则仅考虑合成波长相位 $\Delta\varphi_{\mathrm{m}}$ 引入的待测距离 l_{m} 不确定度 $u(l_{\mathrm{m}})$ 可以表示为

$$u(l_{\mathrm{m}}) = \frac{u(\Delta\varphi_{\mathrm{m}})}{4\pi n_{\mathrm{g}}} \frac{c}{m f_{\mathrm{Sr}}} \tag{5-2}$$

由式(5 – 2)得到的仿真曲线如图 5 – 12 中带有菱形符号的短点线所示。由此可清楚地发现,图 5 – 12 中环形符号表示的实际距离测量结果的标准差与该仿真曲线吻合良好。根据此方法可估算合成波长相位的测量不确定度 $u(\Delta\varphi_{\mathrm{m}})$ 约为 4.2°。

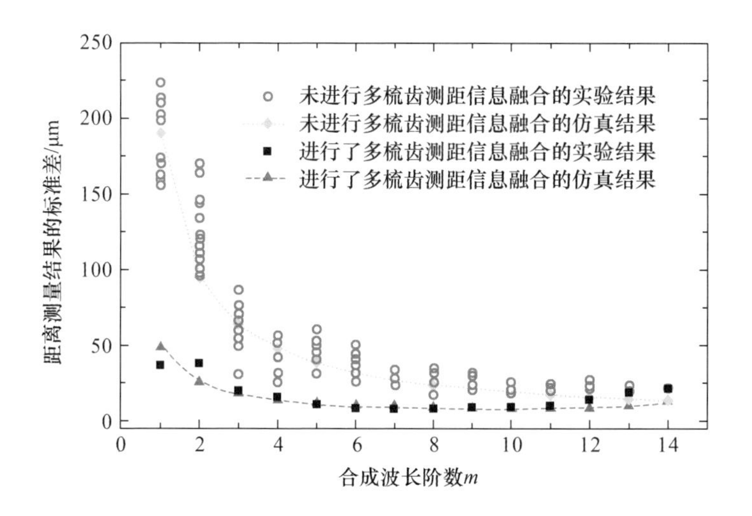

图 5－12　进行与未进行多梳齿测距信息融合的实验与仿真数据标准差

根据 2.3.2 节的论述，可对多梳齿测距信息融合以减小测距不确定度，但需要对生成合成波长的梳齿进行合理选择。由于融合过程中共用梳齿的测距信息将被抵消，因此应尽量避免选用同一梳齿所生成的两个合成波长进行融合处理。但在测量实验中发现，光学频率梳的中心梳齿因非理想分光导致的偏振混叠效应而引入了非线性误差。为避免该非线性误差对测量结果的影响，可利用上述原理对其进行消除。另外根据 5.3.3 节的测相误差实验，测距信息融合过程应优先选用信噪比较高的低阶梳齿。多梳齿测距信息融合处理过程中的频率梳梳齿选择方案如图 5－13 所示，以此进行多梳齿测距信息融合后，所得到的测距结果标准差如图 5－12 中方块符号所示。可以发现，在 30 min 内最小的测距结果对应第 8 阶合成波长，其测距结果标准差为 8 μm。而前述未进行多梳齿测距信息融合处理的实验数据，其最小的测距结果标准差 21.3 μm 对应第 14 阶合成波长。该实验结果与 2.3.3 节的相关仿真结果相吻合，共同证明了本书所述多梳齿测距信息融合方法可有效抑制测相误差对测距不确定度的影响。

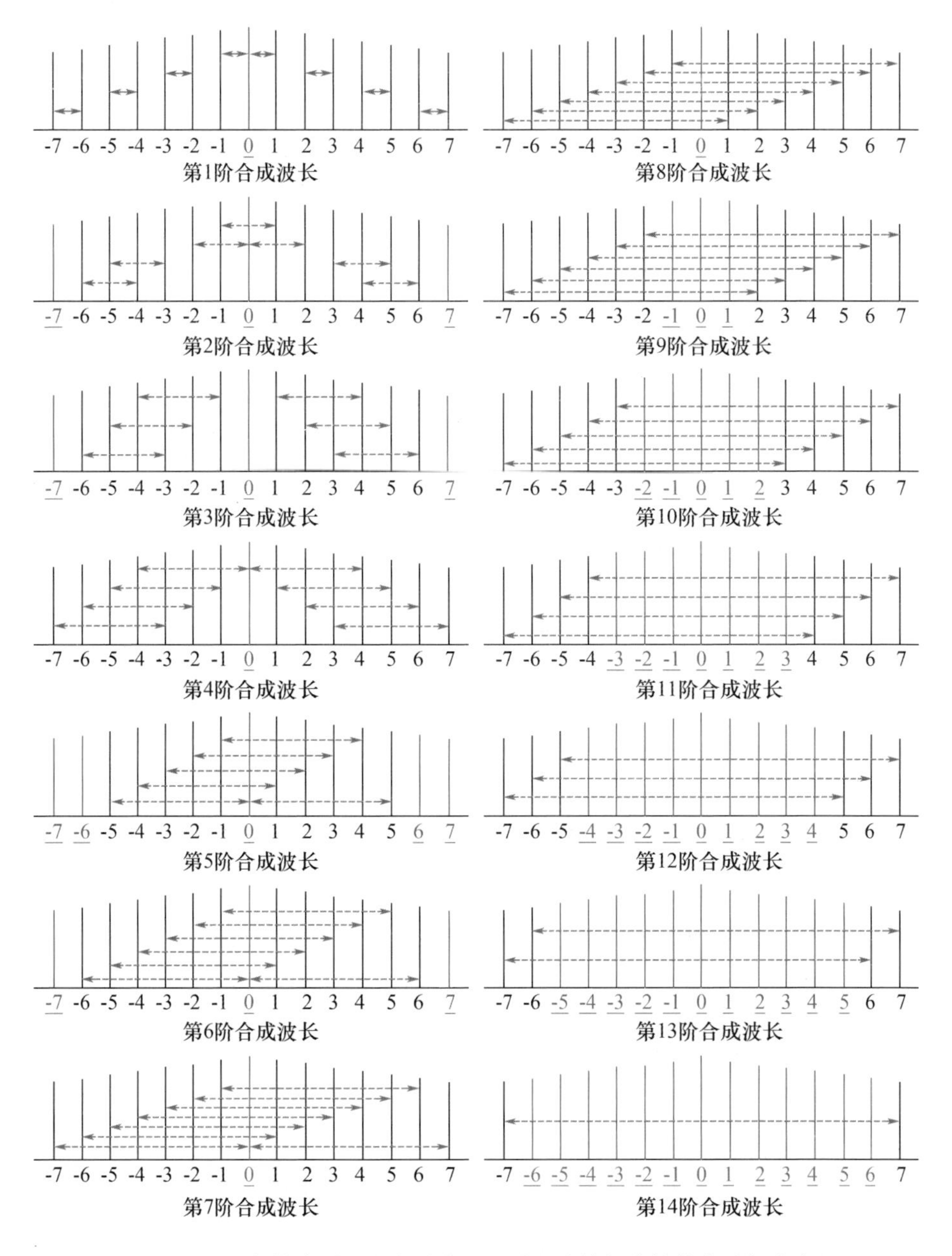

图 5－13　多梳齿测距信息融合处理过程中的频率梳梳齿选择方案

同样可对上述结果进行仿真验证，根据 2.3.3 节中的式(2－28)可知，上述多梳齿测距信息融合过程得到的距离测量值 l_{avg} 可表示为

$$l_{\text{avg}} = \frac{c}{4\pi n_{\text{g}}(M-m)mf_{\text{Sr}}}\sum_{i=1}^{M-m}\Delta\varphi_{mi} \tag{5-3}$$

假设第 m 阶合成波长相位 $\Delta\varphi_m$ 具有相同的不确定度，则仅考虑合成波长相位 $\Delta\varphi_m$ 引入的融合距离值不确定度 $u(l_{\text{avg}})$ 可以表示为

$$u(l_{\text{avg}}) = \frac{c}{4\pi n_{\text{g}} f_{\text{Sr}}}\frac{u\Delta\varphi_m}{m\sqrt{M-m}} \tag{5-4}$$

由式(5-4)得到的仿真曲线如图 5-12 中带有三角符号的虚线所示，由多梳齿测距信息融合得到的测距结果标准差实测值与仿真曲线吻合良好。利用上述公式估算的合成波长相位测量不确定度约为 3.7°，与前面估算值基本一致。

为进一步分析锁相放大低通滤波时间 T 对距离测量系统稳定性的影响，本书针对第 8 阶合成波长测距结果平均值，利用 0.01 s、0.02 s、0.05 s、0.1 s、0.2 s、0.5 s 和 1 s 的低通滤波时间 T 分别对 10 s、30 s 和 30 min 的测量数据进行了处理，第 8 阶合成波长测距融合结果的相对稳定性曲线如图5-14所示。可知，对基于双光频梳的多波长干涉测距系统，在使用 1 s 的锁相放大低通滤波时间 T 时，其测距融合结果在 30 min 内的相对测量稳定性达到4.1×10^{-7}。

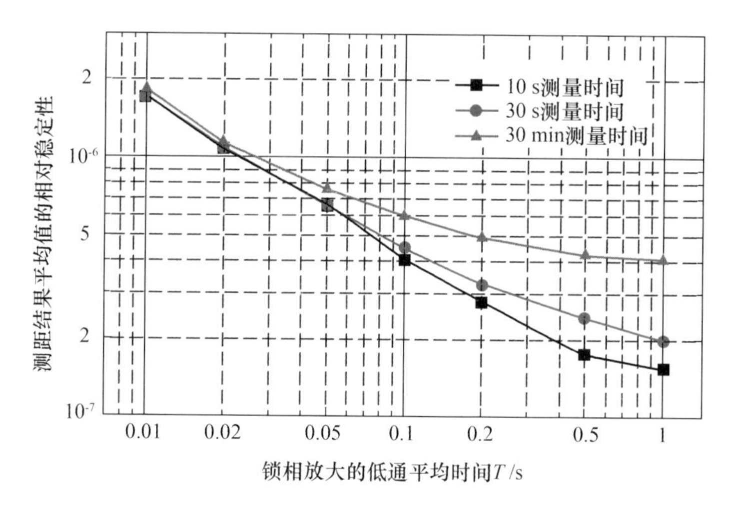

图 5-14　第 8 阶合成波长测距融合结果的相对稳定性曲线

5.4.2 20 m 范围内的位移测量比对实验

20 m 范围内的位移测量比对实验的目的是通过与参考激光干涉仪的同步测量与比对，测试基于双光频梳多波长干涉测距系统的测量特性，为后续距离测量的不确定度分析过程提供高精度、高可靠性实验数据。该实验在德国联邦物理技术研究院（PTB）长度基准国家实验室的测长比对平台上进行，基于双光频梳的多波长干涉测距系统在 PTB 测长比对平台的实验照片如图 5-15 所示。

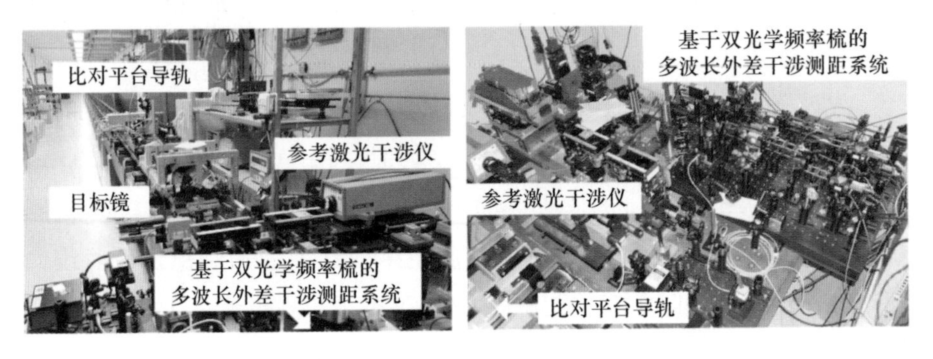

图 5-15　基于双光频梳的多波长干涉测距系统在 PTB 测长比对平台的实验照片

由于测长比对平台上的参考激光干涉仪只能测量目标镜的运动位移，无法获得目标镜到系统的真实距离值，因此在实验过程中由多波长干涉测距系统测量目标镜在比对平台导轨近端的距离，以此为参考干涉仪的位移零点，随后目标镜以 2 m 为步进向远端移动 10 次，由两套系统同步的分别测量 10 个步进位置静止后的距离和位移。将 10 个步进位置的距离与零点位置距离相减得到多波长干涉测距系统测得的目标镜各段位移 l_{Meas}，以此与参考干涉仪的位移测量结果 l_{Ref} 进行比对。多波长干涉测距系统的各项关键参数根据 5.3 节和 5.4.1 节内容进行了全面优化，比对结果由 1 s 锁相放大低通滤波时间计算的第 8 阶合成波长的多梳齿测距信息融合得到。20 m范围内的位移测量比对结果如图 5-16 所示。

根据图 5-16 所示的位移测量偏差分布，可对系统的距离测量不确定度进行估算，其估算结果如图 5-16 中虚线所示，可以表示为

$$u(l_{\text{Meas}})_{\text{est}} = 10\ (\mu\text{m}) + 0.25\left(\frac{\mu\text{m}}{\text{m}}\right) \times l_{\text{Meas}} \tag{5-5}$$

即以参考激光干涉仪为基准,20 m距离处基于双光频梳的多波长干涉测距系统的测量不确定度约为15 μm,相对不确定度约为7.5×10^{-7}。

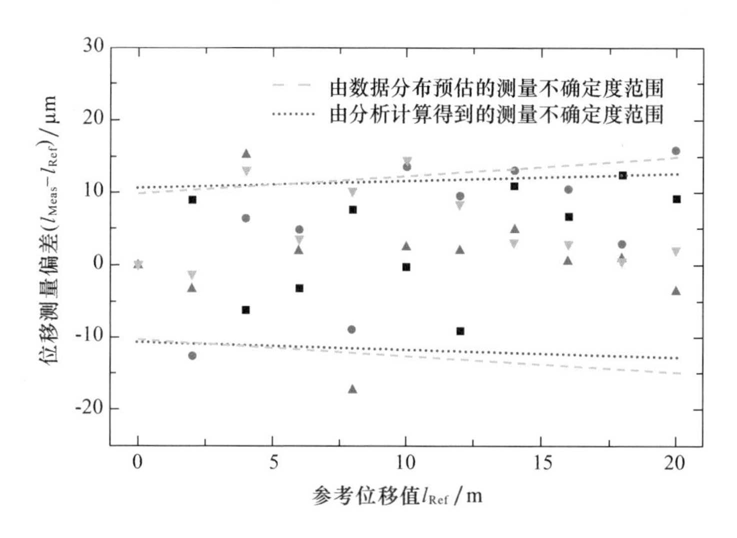

图5-16 20 m范围内的位移测量比对结果

由于参与比对的两套测量系统共用一套空气折射率监测网络,可补偿空气折射率对参考激光干涉仪测量精度的影响,因此由参考激光干涉仪引入的测量不确定度可忽略不计。根据2.3.3节的论述,可对上述测量数据进行如下不确定度分析。由式(2-29)可知,距离测量结果l_{Meas}的不确定度$u(l_{\text{Meas}})$可以表示为

$$\begin{aligned} u^2(l_{\text{Meas}}) &= \left(\frac{\partial l_{\text{Meas}}}{\partial \varphi}u(\Delta\varphi_{\text{m}})\right)^2 + \left(\frac{\partial l_{\text{Meas}}}{\partial n_{\text{g}}}u(n_{\text{g}})\right)^2 + \left(\frac{\partial l_{\text{Meas}}}{\partial f_{\text{Sr}}}u(f_{\text{Sr}})\right)^2 \\ &= \frac{1}{M-m}\left(\frac{c}{4\pi n_{\text{g}} m f_{\text{Sr}}}\right)^2 u^2(\Delta\varphi_{\text{m}}) + l_{\text{Meas}}^2\left[\left(\frac{u(n_{\text{g}})}{n_{\text{g}}}\right)^2 + \left(\frac{u(f_{\text{Sr}})}{f_{\text{Sr}}}\right)^2\right] \end{aligned} \tag{5-6}$$

由式(5-6)可知,距离测量结果l_{Meas}的不确定度来源包含三方面:合成波长测距相位的不确定度$u(\Delta\varphi_{\text{m}})$、空气群折射率的不确定度$u(n_{\text{g}})$和信号频率梳梳齿间隔频率的不确定度$u(f_{\text{Sr}})$。其中,合成波长测距相位的不确

定度$u(\Delta\varphi_m)$构成了测距结果不确定度$u(l_{Meas})$中相对固定的部分，对于该比对实验而言，第 8 阶合成波长测距相位的测量不确定度$u(\Delta\varphi_m)=0.085$ rad，相应引入的距离测量不确定度为 10.4 μm。

空气群折射率和信号频率梳梳齿间隔频率的不确定度引入了距离测量不确定度$u(l_{Meas})$中随被测距离l_{Meas}增加的部分。其中，空气群折射率n_g可以由中心梳齿的空气折射率近似。由于所生成光学频率梳的光谱范围约为 0.3 THz，因此对应的光学波长范围约为 0.7 nm。在此光谱范围内，上述近似过程带来的相对误差小于1×10^{-10}。多波长干涉测距系统和参考激光干涉仪使用的环境参数来自于同一套沿测长比对平台放置的监测系统，因此可考虑两系统的压强、湿度和CO_2参数相同。但双光频梳生成单元和干涉仪激光器相距约 0.5 m 且未进行环境监测，估计其温度偏差小于 0.1 ℃，由此引入的距离测量不确定度约为 0.11 μm/m。而信号光学频率梳梳齿间距频率的不确定度根据 4.2.3 节所述，由于原子振荡时间基准的频率精度达到$\pm5\times10^{-11}$，因此经过逐级锁相式频率变换过程其最终实现的梳齿间距频率不确定度可以达到$\pm1\times10^{-10}$，其引入的测距不确定度基本可以忽略不计。经过上述不确定度分析过程，可得到基于双光频梳的多波长干涉测距系统的距离测量不确定度$u(l_{Meas})$为

$$u(l_{Meas}) = \sqrt{(10.4\ (\mu m))^2 + \left(0.11\left(\frac{\mu m}{m}\right)\right)^2 l_{Meas}^2} \tag{5-7}$$

由式(5－7)可知，20 m 范围内的距离测量不确定度小于 10.6 μm，由于其主要成分为相位测量不确定度引入的固定分量，因此系统的测距相对不确定度随被测距离增加而减小，在 20 m 处达到最小值5.3×10^{-7}。该分析计算得到的距离测量不确定度范围在图 5－16 中由短点线表示。由图 5－16 可知该分析计算得到的距离测量不确定度与数据分布得到的距离测量不确定度基本吻合。

需要说明的是，上述距离测量结果受实验条件等多方面因素限制，尚未完全表现出本书提出的基于双光频梳多波长干涉测距方法的技术优势。其中，本书使用的双光频梳由谐振腔增强相位调制型光学频率梳生成方法得到，其光学谐振腔受环境振动和温度变化影响将引入额外的相位噪声，进而

限值系统的距离测量精度。若能够在后续试验中利用激光频率稳定度更高、相位噪声更小的光纤式飞秒激光频率梳作为光源,该方法的距离测量不确定度应该能够得到较大幅度的减小。

另外,本书进行的研究工作集中于对基于双光频梳的多波长干涉测距方法原理进行验证。上述进行的各项特性测试与距离测量实验仅是将该方法应用于引力波探测及卫星编队飞行控制研究背景的第一步。针对星间测距所提出的大范围、快速、高精度需求,后续的研究工作中将按照以下几个步骤继续开展。

首先,在实验室条件下实现100 m范围内10 Hz数据更新率,亚微米量级精度的距离测量。要实现这一目标,一方面需要对谐振腔增强相位调制型光学频率梳的激光功率进一步增强,可以考虑采用附加耦合腔技术和提升源激光功率进行实现;另一方面需要继续抑制相位测量误差,可以尝试一体式隔热光学谐振腔结构,以提升抗环境振动和温度变化干扰的能力。

然后,在地面环境实现数千米至数十千米范围内数百至数千赫兹数据更新率,纳米至亚纳米量级精度的距离测量。为此,需要将多波长激光光源彻底升级为针对绝对距离测量应用的光纤式飞秒激光频率梳,利用其极高的频率稳定性和极低的相位噪声进一步降低多梳齿测距相位噪声,继续优化多梳齿测距信息融合方法,并探索具有更高精度的多梳齿测距相位分离与提取方法。

最后,针对引力波探测所提出的极限要求,力争实现太空环境数百千米范围内数兆赫兹数据更新率,皮米量级的星间距离测量。进行到这一步骤后,除预先在地面仿真环境继续提升各项参数指标外,还需要综合的考虑距离测量系统的小型化、集成化,针对航天器发射过程和太空环境的恶劣条件进行全面的设计与优化。

5.5　本章小结

本章根据基于双光频梳的多波长干涉测距方法,结合大范围高精度距离测量的需求,进行了全面的测量系统设计;对双光频梳生成单元、干涉测距光梳发射与接收探测单元和多梳齿测距相位提取与待测距离解算单元进行了设计及优化,并综合各个单元实现了完整的测量系统;对该测量系统的几个关键特性进行了验证实验,包括光学频率梳的稳定控制实验、双光频梳干涉实验和多梳齿测距相位分离与提取实验,验证了各单元的可靠及有效;对基于双光频梳的多波长干涉测距系统进行了整体实验,实验表明该系统在 30 分钟内的测量稳定性达到 4.1×10^{-7},20 m 范围内的距离测量不确定度小于 10.6 μm,20 m 距离处的测量相对不确定度达到 5.3×10^{-7};对基于双光频梳多波长干涉测距方法的发展前景进行了展望。

结　论

本书的目的是为前沿科学研究和尖端航天科技领域提供一种具备大量程、快速、高精度特性，且便于实现量值溯源的多波长激光干涉测量方法。针对现有基于光学频率梳的多波长激光干涉测距方法难以兼顾测量范围与精度、现有频率梳模型及生成方法影响测量精度和各梳齿干涉测距相位难以高精度、快速分离与提取等问题，本书开展了基于双光频梳的多波长干涉测距理论研究与实验验证。

本书主要研究结论如下。

(1)针对现有多波长激光干涉测距技术难以同步生成多尺度合成波长导致测量范围与精度难以兼顾的问题，提出了一种基于双光频梳的多波长干涉测距方法，对其干涉信号频谱分析确定了测距相位信息的传递过程，由频率梳的众多梳齿同步生成了多个不同尺度的合成波长，利用多梳齿测距信息融合实现了对待测距离的解算，建立了基于该方法的距离测量模型和不确定度分析模型，仿真分析了相位测量不确定度、空气折射率不确定度和频率梳梳齿间距不确定度等因素的影响。分析与实验结果表明，该方法具备利用同步生成的多尺度合成波长实现大范围、快速、高精度的绝对距离测量的能力，可有效避免经典多波长干涉测距中各分立激光频率一致性与光束重合度对测距结果的影响，对距离 20 m 处静止目标连续监测 30 min，将中心 15 条光学频率梳梳齿所生成第 8 阶合成波长对应的干涉测距信息进行有机融合，由测相误差引入的距离测量不确定度从 21. 3 μm 减小为 8 μm。

(2)针对现有谐振腔增强相位调制型光学频率梳的梳齿功率模型不精确、频率梳生成腔的腔长控制方法带有附加调制等影响多波长干涉测距精度的问题，通过对激光电场强度的叠加计算建立了该类型光学频率梳的精确梳齿功率模型，仿真分析了模型中各参数对频率梳光谱的影响，并在此基础上提出了一种基于 Pound – Drever – Hall 原理的频率梳生成腔腔长稳定控制方法，对该方法中误差信号的生成机理进行了深入讨论和完整建模。仿真和实验结果表明，上述光学频率梳精确梳齿功率模型的模型精度比现有近似模型提升了一个数量级，利用上述腔长稳定控制方法可以持续稳定地生成梳齿数量达到 33 条，光谱范围达到 294.4 GHz 的光学频率梳。

（3）针对现有信号探测技术仅能提取特定波长干涉测距信息或易受噪声频谱干扰导致难以高精度、快速分离与提取各梳齿干涉测距相位的问题，提出了一种基于双光频梳和数字锁相放大的多梳齿测距相位分离与提取方法，该方法利用双声光移频和同步异频驱动技术生成了多波长干涉测距所需的中心梳齿偏频锁定、梳齿间距稍有不同的双光频梳，利用串联放置的两级声光移频器实现了高光强利用率的偏频锁定源激光生成，通过参考原子时间基准的同步异频驱动信号保证了梳齿间距差别和测量结果向米定义的直接溯源，根据干涉信号的频谱特点，利用数字锁相放大探测技术实现了多梳齿测距相位信息的分离与提取，对数字平均低通滤波器特性进行了仿真验证。仿真结果表明，低通滤波平均时间为 1 s 时，中心 15 条梳齿的相位测量误差小于 $\pm 0.01°$，该方法的相位测量分辨力优于 $0.001°$。

（4）根据本书提出的基于双光频梳的多波长干涉测距方法，进行了包含双光频梳生成单元、干涉测距光梳发射与接收探测单元、多梳齿测距相位分离提取与待测距离解算单元的测量系统完整设计，并针对光学频率梳的稳定控制过程、双光频梳干涉信号频谱、多梳齿测距相位分离与提取特性进行了实验验证，在此基础上测试了所研制的多波长干涉测距系统的稳定性，并参考激光干涉仪对其 20 m 范围内的距离测量不确定度进行了的比对测试。实验结果表明，其 30 min 内的测量相对稳定性可达到 4.1×10^{-7}，20 m 范围内的距离测量不确定度小于 10.6 μm，20 m 距离处的测量相对不确定度达到 5.3×10^{-7}。

本书研究成果的创新性主要表现在以下三方面。

（1）提出了一种基于双光频梳的多波长干涉绝对距离测量方法，该方法以中心梳齿偏频锁定、梳齿间距稍有不同的双光频梳为光源，利用频率梳的众多梳齿同步生成了多个不同尺度的粗测和精测合成波长，通过外差探测技术获取光学频率梳各梳齿的干涉测距信息,借助多梳齿测距信息有机融合抑制相位误差。分析和实验表明,该方法可实现大范围、快速、高精度距离测量,对中心 15 条光学频率梳梳齿所生成第 8 阶合成波长的干涉测距信息进行有机融合,可将距离 20 m 处静止目标 30 min 连续监测过程中测相误差引入的距离测量不确定度从 21.3 μm 减小为 8 μm。

(2)提出了一种基于 Pound – Drever – Hall 原理的谐振腔增强相位调制型频率梳的生成腔稳定控制方法。该方法通过电场强度叠加计算建立频率梳精确梳齿功率分布模型,直接利用频率梳生成过程的腔内相位调制,探测前腔镜反射光中的齿间干涉信号,由相位调制信号对其进行解调得到反馈误差信号,通过稳定控制谐振腔腔长实现了光学频率梳的持续稳定生成。仿真及实验表明,该方法将原有梳齿功率分布模型的精度提高了一个数量级,利用该方法进行光学频率梳稳定控制可对其光谱范围和能量转移效率进行最大化。

(3)提出了一种基于双光频梳和数字锁相放大的多梳齿测距相位分离与提取方法,该方法利用双声光移频和同步异频驱动技术生成多波长干涉测距所需的中心梳齿偏频锁定、梳齿间距稍有不同的双光频梳,由参考原子时间基准的同步异频驱动信号保证测量结果向米定义的直接溯源,并根据干涉信号频谱特点,利用数字锁相放大探测技术实现多梳齿测距相位信息的分离与提取。仿真表明,该方法可有效分离与提取光学频率梳中各梳齿的测距相位信息,在低通滤波平均时间为 1 s 时,对中心 15 条梳齿的相位测量分辨力优于 0.001°,相位测量误差小于 ±0.01°。

随着研究工作的深入,发现尚存在以下几方面问题需进一步研究和探讨。

(1)改进谐振腔增强相位调制型光学频率梳生成装置。采用一体式光学谐振腔提高结构稳定性,以期进一步减小多波长干涉测距的相位噪声。优化光学频率梳生成过程的各项参数使测量范围和精度得到进一步扩大和提升。

(2)对干涉测距信号进行带阻滤波及放大,提升高阶梳齿干涉测距信号的信噪比,增加可参与距离解算的梳齿数量,进一步提升测量精度。

参考文献

[1]DANZMANN K, LISA Study Team. LISA and ground-based detectors for gravitational waves: an overview[J]. Laser Interferometer Space Antenna, 1998, 456: 3 -10.

[2]EDWARDS T, SANDFORD M C W, HAMMESFAHR A. LISA— a study of the ESA cornerstone mission for observing gravitational waves[J]. Acta Astronautica, 2001, 48(5 -12): 549 -557.

[3]JENNRICH O. LISA: a mission to detect and observe gravitational waves [J]. Gravitational Wave and Particle Astrophysics Detectors, 2004, 5500: 113 -119.

[4]TINTO M, ALVES M E D. LISA sensitivities to gravitational waves from relativistic metric theories of gravity[J]. Physical Review D, 2010, 82 (12): 122003.

[5]CHEN F, BROWN G M, SONG M M. Overview of three-dimensional shape measurement using optical methods[J]. Optical Engineering, 2000, 39 (1): 10 -22.

[6]AMANN M C, LESCURE T B, MYLLYLA R, et al. Laser ranging: a critical review of usual techniques for distance measurement[J]. Optical Engineering, 2001, 40(1): 10.

[7]三浩. 激光测距的工业应用[J]. 激光与光电子学进展, 2000(11): 51 -53.

[8]齐炜胤, 尤政, 张高飞, 等. 激光测距技术在空间的应用[J]. 中国航天, 2008(05): 38 -42.

[9]JONES D J, DIDDAMS S A, RANKA J K, et al. Carrier-envelope phase control of femtosecond mode-locked lasers and direct optical frequency

synthesis[J]. Science, 2000, 288(5466): 635-639.

[10] HANSCH T W. Nobel lecture: passion for precision[J]. Reviews of Modern Physics, 2006, 78(4): 1297-1309.

[11] KOUROGI M, OHTSU M. Past, present, and future of optical comb generation[J]. Laser Frequency Stabilization, Standards, Measurement and Applications, 2001, 4269: 59-71.

[12] NEWBURY N R. Searching for applications with a fine-tooth comb[J]. Nature Photonics, 2011, 5(4): 186-188.

[13] UDEM T, HOLZWARTH R, HANSCH T W. Optical frequency metrology[J]. Nature, 2002, 416(6877): 233-237.

[14] KIM S W. Metrology: combs rule[J]. Nat Photon, 2009, 3(6): 313-314.

[15] FLANAGAN E E, HUGHES S A. The basics of gravitational wave theory[J]. New Journal of Physics, 2005, 7(1): 204.

[16] DA ROCHA-NETO J F, MALUF J W. The angular momentum of plane-fronted gravitational waves in the teleparallel equivalent of general relativity[J]. General Relativity and Gravitation, 2014, 46(3):1-12.

[17] HALILSOY M. Distinct family of colliding gravitational-waves in general-relativity[J]. Physical Review D, 1988, 38(10): 2979-2984.

[18] YUNES N, SIEMENS X. Gravitational-wave tests of general relativity with ground-based detectors and pulsar-timing arrays[J]. Living Reviews in Relativity, 2013, 16: 1-124.

[19] BONDI H, PIRANI F A E. Gravitational-waves in general-relativity XIII. caustic property of plane-waves[J]. Proceedings of the Royal Society of London Series A—Mathematical Physical and Engineering Sciences, 1989, 421(1861): 395-410.

[20] GIBNEY E. What to expect in 2015[J]. Nature, 2015, 517(7532): 10-11.

[21] SERENO M, SESANA A, BLEULER A, et al. Strong lensing of

gravitational waves as seen by LISA[J]. Physical Review Letters, 2010, 105(25):251101.

[22] PETERSEIM M, JENNRICH O, DANZMANN K. Accuracy of parameter estimation of gravitational waves with LISA[J]. Classical and Quantum Gravity, 1996, 13(11A): A279 – A284.

[23] YAGI K, TANAKA T. Constraining alternative theories of gravity by gravitational waves from precessing eccentric compact binaries with LISA [J]. Physical Review D, 2010, 81(6): 064008.

[24] CAPOZZIELLOA S, CORDA C, DE LAURENTIS M F. Massive gravitational waves from $f(R)$ theories of gravity: potential detection with LISA[J]. Physics Letters B, 2008, 669(5): 255 – 259.

[25] KRIEGER G, ZINK M, BACHMANN M, et al. TanDEM – X: a radar interferometer with two formation-flying satellites[J]. Acta Astronautica, 2013, 89: 83 – 98.

[26] GILL E, SUNDARAMOORTHY P, BOUWMEESTER J, et al. Formation flying within a constellation of nano-satellites: the QB50 mission[J]. Acta Astronautica, 2013, 82(1): 110 – 117.

[27] ELSAKA B, KUSCHE J, ILK K H. Recovery of the Earth's gravity field from formation-flying satellites: temporal aliasing issues[J]. Advances in Space Research, 2012, 50(11): 1534 – 1552.

[28] MENON P P, EDWARDS C. An observer based distributed controller for formation flying of satellites [J]. 2011 American Control Conference, 2011, 8: 196 – 201.

[29] XIONG C, MA S Y, YIN F. Determination of mean electron density between GRACE A and B satellites with precise microwave ranging[J]. Chinese Journal of Geophysics – Chinese Edition, 2014, 57 (5): 1366 – 1376.

[30] ZHENG W, HSU H T, ZHONG M, et al. Efficient calibration of the non-conservative force data from the space-borne accelerometers of the twin

GRACE satellites[J]. Transactions of the Japan Society for Aeronautical and Space Sciences, 2011, 54(184): 106 – 110.

[31] ZHENG W, HSU H T, ZHONG M, et al. Effective processing of measured data from GRACE key payloads and accurate determination of Earth´s gravitational field[J]. Chinese Journal of Geophysics – Chinese Edition, 2009, 52(8): 1966 – 1975.

[32] SHEARD B S, HEINZEL G, DANZMANN K, et al. Intersatellite laser ranging instrument for the GRACE follow – on mission[J]. Journal of Geodesy, 2012, 86(12): 1083 – 1095.

[33] ZHENG W, HSU H T, ZHONG M, et al. Efficient and rapid estimation of fhe . accuracy of future GRACE follow – on Earth's gravitational field using the analytic method [J]. Chinese Journal of Geophysics – Chinese Edition, 2010, 53(4): 796 – 806.

[34] ZHENG W, HSU H T, ZHONG M, et al. Accurate and rapid error estimation on global gravitational field from current GRACE and future GRACE follow – on missions [J]. Chinese Physics B, 2009, 18 (8): 3597.

[35] PETERS T V, BRANCO J, ESCORIAL D, et al. Mission analysis for PROBA – 3 nominal operations [J]. Acta Astronautica, 2014, 102: 296 – 310.

[36] LLORENTE J S, AGENJO A, CARRASCOSA C, et al. PROBA – 3: precise formation flying demonstration mission[J]. Acta Astronautica, 2013, 82(1): 38 – 46.

[37] LANDGRAF M, MESTREAU – GARREAU A. Formation flying and mission design for PROBA – 3[J]. Acta Astronautica, 2013, 82(1): 137 – 145.

[38] VIVES S, LAMY P, KOUTCHMY S, et al. ASPIICS, a giant externally occulted coronagraph for the PROBA – 3 formation flying mission[J]. Advances in Space Research, 2009, 43(6): 1007 – 1012.

[39] CAREK J. Space power facility for testing large space optical systems[C]. Big Sky, MT:IEEE Aerospace Conference Proceedings, 2006.

[40] 黄勇, 李小将, 王志恒,等. 卫星编队飞行相对位置自适应协同控制[J]. 宇航学报, 2014(12): 1412 –1421.

[41] BRAUN H M, KICHERER S. External calibration for CRS –1 and SAR –Lupe[C]. Dresden: EUSAR 2006 – 6th European Conference on Synthetic Aperture Radar,2006.

[42] SCOTKIN J, MASTEN D, POWERS J, et al. Experimental enhanced upper stage (XEUS): an affordable large lander system[C]. Big Sky, MT: 2013 IEEE Aerospace Conference, 2013.

[43] BAVDAZ M, BLEEKER J A M, HASINGER G, et al. The X –ray evolving universe spectroscopy mission (XEUS)[J]. X –Ray Optics, Instruments, and Missions Ii, 1999, 3766: 82 –93.

[44] TAPLEY B D, BETTADPUR S, WATKINS M, et al. The gravity recovery and climate experiment: mission overview and early results[J]. Geophysical Research Letters, 2004, 31(9): 1 –4.

[45] VIVES S, LAMY P, LEVACHER P, et al. In-flight validation of the formation flying technologies using the ASPIICS/PROBA – 3 giant coronagraph[J]. Space Telescopes and Instrumentation 2008: Optical, Infrared, and Millimeter, 2008, 7010: R103.

[46] BUSSE F D. Precise formation-state estimation in low earth orbit using carrier differential GPS[D]. Stanford:Stanford University, 2003.

[47] TIEN J Y, PURCELL G H,AMARO L R, et al. Technology validation of the autonomous formation flying sensor for precision formation flying[J]. 2003 IEEE Aerospace Conference Proceedings, 2003(1): 129 –140.

[48] AUNG M, PURCELL G H, TIEN J Y, et al. Autonomous formation-flying sensor forthe starlight mission[C]. IPN Progress Report,200210:1 –15.

[49] 刘思远. 分布式小卫星雷达星间基线有源协作式激光测量技术研究[D]. 哈尔滨:哈尔滨工业大学, 2008.

[50] GRASSELLI J. On the relative motion of the earth and the luminiferous ether[J]. Applied Spectroscopy, 1987, 41(6): 933 - 935.

[51] SARA P, GERALD S B, JASON M S, et al. Laser-based distance measurement using picosecond resolution time-correlated single-photon counting[J]. Measurement Science and Technology, 2000, 11(6): 712.

[52] FENG Q, SJOGREN P, STEPHANSSON O, et al. Measuring fracture orientation at exposed rock faces by using a non-reflector total station[J]. Engineering Geology, 2001, 59(1 - 2): 133 - 146.

[53] ESTLER W T, EDMUNDSON K L, PEGGS G N, et al. Large-scale metrology—an update [J]. Cirp Annals - Manufacturing Technology, 2002, 51(2): 587 - 609.

[54] DICKEY J O, BENDER P L, FALLER J E, et al. Lunar laser ranging—a continuing legacy of the Apollo program[J]. Science, 1994, 265(5171): 482 - 490.

[55] BECK S M, BUCK J R, BUELL W F, et al. Synthetic-aperture imaging laser radar: laboratory demonstration and signal processing[J]. Applied Optics, 2005, 44(35): 7621 - 7629.

[56] PARKER D H, GOLDMAN M A, RADCLIFF B, et al. Attenuated retroreflectors for electronic distance measurement [J]. Optical Engineering, 2006, 45(7):073065.

[57] BROWN N, VEUGEN R, VAN DER BEEK G J, et al. Recent work at NML to establish traceability for survey electronic distance measurement (EDM) [J]. Recent Developments in Traceable Dimensional Measurements Ii, 2003, 5190: 381 - 390.

[58] ZIMMERMANN E, SALVADE Y, DANDLIKER R. Stabilized three-wavelength source calibrated by electronic means for high-accuracy absolute distance measurement [J]. Optics Letters, 1996, 21 (7): 531 - 533.

[59] RÜEGER J M. Recent developments in electronic distance measurement

[J]. Australian Surveyor, 1980, 30(3): 170 – 177.

[60] KELLER F, STERNBERG H. Multi-sensor platform for indoor mobile mapping: system calibration and using a total station for indoor applications[J]. Remote Sensing, 2013, 5(11): 5805 – 5824.

[61] LICHTI D D, LAMPARD J. Reflectorless total station self-calibration[J]. Survey Review, 2008, 40(309): 244 – 259.

[62] Bahuguna P P. Application of total station and laser in correlation survey and depth measurement in an underground mine shaft [J]. Survey Review, 2005, 38(295): 39 – 46.

[63] KIKUTA H, IWATA K, NAGATA R. Distance measurement by the wavelength shift of laser diode light[J]. Applied Optics, 1986, 25(17): 2976 – 2980.

[64] CHEN T X, YANG H J, RILES K, et al. High-precision absolute coordinate measurement using frequency scanned interferometry [J]. Journal of Instrumentation, 2014, 9(3): P03001.

[65] TAO L, LIU Z G, ZHANG W B, et al. Frequency-scanning interferometry for dynamic absolute distance measurement using Kalman filter[J]. Optics Letters, 2014, 39(24): 6997 – 7000.

[66] COE P A, HOWELL D F, NICKERSON R B. Frequency scanning interferometry in ATLAS: remote, multiple, simultaneous and precise distance measurements in a hostile environment[J]. Measurement Science and Technology, 2004, 15(11): 2175 – 2187.

[67] DAI X L, SETA K. High – accuracy absolute distance measurement by means of wavelength scanning heterodyne interferometry[J]. Measurement Science and Technology, 1998, 9(7): 1031 – 1035.

[68] FOXMURPHY A F, HOWELL D F, NICKERSON R B, et al. Frequency scanned interferometry (FSI): the basis of a survey system for ATLAS using fast automated remote interferometry [J]. Nuclear Instruments & Methods in Physics Research Section A—Accelerators Spectrometers

Detectors and CAssociated Equipment, 1996, 383(1): 229 -237.

[69] YANG H J, DEIBEL J, NYBERG S, et al. High-precision absolute distance and vibration measurement with frequency scanned interferometry [J]. Applied Optics, 2005, 44(19): 3937 -3944.

[70] DALE J, HUGHES B, LANCASTER A J, et al. Multi-channel absolute distance measurement system with sub ppm-accuracy and 20 m range using frequency scanning interferometry and gas absorption cells [J]. Opt Express, 2014, 22(20): 24869 -24893.

[71] POLHEMUS C, CHOCOL C. Method for subtracting phase errors in an interferometer[J]. Applied Optics, 1971, 10(2): 441 -442.

[72] WYANT J C. Testing aspherics using two-wavelength holography [J]. Applied Optics, 1971, 10(9): 2113 -2118.

[73] POLHEMUS C. Two-wavelength interferometry [J]. Applied Optics, 1973, 12(9): 2071 -2074.

[74] MEINERS - HAGEN K, SCHODEL R, POLLINGER F, et al. Multi-wavelength interferometry for length measurements using diode lasers[J]. Measurement Science Review, 2009, 9(1): 16 -26.

[75] KINDER T, SALEWSKI K D. Absolute distance interferometer with grating-stabilized tunable diode laser at 633 nm[J]. Journal of Optics A—Pure and Applied Optics, 2002, 4(6): S364 - S368.

[76] FALAGGIS K, TOWERS D P, TOWERS C E. Multiwavelength interferometry: extended range metrology[J]. Optics Letters, 2009, 34 (7): 950 -952.

[77] POLLINGER F, MEINERS - HAGEN K, WEDDE M, et al. Diode-laser-based high-precision absolute distance interferometer of 20 m range[J]. Applied Optics, 2009, 48(32): 6188 -6194.

[78] TAN J B, YANG H X, HU P C, et al. Identification and elimination of half-synthetic wavelength error for multi-wavelength long absolute distance measurement [J]. Measurement Science & Technology, 2011, 22

(11):115401.

[79] ECKSTEIN J N, FERGUSON A I, HANSCH T W. High-resolution two-photon spectroscopy with picosecond light pulses[J]. Physical Review Letters, 1978, 40(13): 847 – 850.

[80] MINOSHIMA K, MATSUMOTO H. High-accuracy measurement of 240 m distance in an optical tunnel by use of a compact femtosecond laser[J]. Applied Optics, 2000, 39(30): 5512 – 5517.

[81] DOLOCA N R, MEINERS – HAGEN K, WEDDE M, et al. Absolute distance measurement system using a femtosecond laser as a modulator [J]. Measurement Science & Technology, 2010, 21(11): 115302.

[82] YE J. Absolute measurement of a long, arbitrary distance to less than an optical fringe[J]. Optics Letters, 2004, 29(10): 1153 – 1155.

[83] BALLING P, KREN P, MASIKA P, et al. Femtosecond frequency comb based distance measurement in air[J]. Opt Express, 2009, 17(11): 9300 – 9313.

[84] CUI M, ZEITOUNY M G, BHATTACHARYA N, et al. High-accuracy long – distance measurements in air with a frequency comb laser[J]. Opt Lett, 2009, 34(13): 1982 – 1984.

[85]秦鹏, 陈伟, 宋有建,等. 基于飞秒激光平衡光学互相关的任意长绝对距离测量[J]. 物理学报, 2012, 61(24): 110 – 116.

[86]邢书剑, 张福民, 曹士英,等. 飞秒光频梳的任意长绝对测距[J]. 物理学报, 2013, 62(17): 170 – 175.

[87] CODDINGTON L, SWANN W C, NENADOVIC L, et al. Rapid and precise absolute distance measurements at long range[J]. Nature Photonics, 2009, 3(6): 351 – 356.

[88] JOO K N, KIM S W. Absolute distance measurement by dispersive interferometry using a femtosecond pulse laser[J]. Optics Express, 2006, 14(13): 5954 – 5960.

[89]许艳, 周维虎, 刘德明,等. 基于飞秒激光器光学频率梳的绝对距离测

量[J]. 光电工程, 2011, 38(8): 79 - 83,89.

[90]吴翰钟, 曹士英, 张福民,等.光学频率梳基于光谱干涉实现绝对距离测量[J]. 物理学报, 2015, 64(02): 58 - 68.

[91] SCHUHLER N, SALVADE Y, LEVEQUE S, et al. Frequency-comb-referenced two-wavelength source for absolute distance measurement[J]. Opt Lett, 2006, 31(21): 3101 - 3103.

[92]张继涛, 吴学健, 李岩,等.利用光频梳提高台阶高度测量准确度的方法[J].物理学报, 2012(10): 88 - 92.

[93]王国超, 魏春华, 颜树华. 光梳多波长绝对测距的波长选择及非模糊度量程分析[J]. 光学学报, 2014, 34(04): 121 - 127.

[94] HOLZWARTH R, UDEM T, HANSCH T W, et al. Optical frequency synthesizer for precision spectroscopy[J]. Physical Review Letters, 2000, 85(11): 2264 - 2267.

[95]GAMBETTA A, CASSINERIO M, COLUCCELLI N, et al. Direct phase-locking of a 8.6 μm quantum cascade laser to a mid - IR optical frequency comb: application to precision spectroscopy of N_2O[J]. Optics Letters, 2015, 40(3): 304 - 307.

[96] MOON H S, RYU H Y, LEE S H, et al. Precision spectroscopy of Rb atoms using single comb - line selected from fiber optical frequency comb [J]. Optics Express, 2011, 19(17): 15855 - 15863.

[97]CONSOLINO L, GIUSFREDI G, DE NATALE P, et al. Optical frequency comb assisted laser system for multiplex precision spectroscopy[J]. Optics Express, 2011, 19(4): 3155 - 3162.

[98]BELL A S, MCFARLANE G M, RIIS E, et al. Efficient optical frequency-comb generator[J]. Optics Letters, 1995, 20(12): 1435 - 1437.

[99]BROTHERS L R, LEE D, WONG N C. Terahertz optical frequency comb generation and phase locking of an optical parametric oscillator at 665 GHz [J]. Optics Letters, 1994, 19(4): 245 - 247.

[100] XIAO S J, HOLLBERG L, NEWBURY N R, et al. Toward a low-jitter

10 GHz pulsed source with an optical frequency comb generator [J]. Optics Express, 2008, 16(12): 8498 – 8508.

[101] KOUROGI M, NAKAGAWA K, OHTSU M. Wide-Span optical frequency comb generator for accurate optical frequency difference measurement [J]. IEEE Journal of Quantum Electronics, 1993, 29(10): 2693 – 2701.

[102] YE J, MA L S, DALY T, et al. Highly selective terahertz optical frequency comb generator [J]. Optics Letters, 1997, 22(5): 301 – 303.

[103] GIACOMO P. News from the BIPM [J]. Metrologia, 1984, 20(1): 25.

[104] DAENDLIKER R, HUG K, POLITCH J, et al. High – accuracy distance measurements with multiple – wavelength interferometry [J]. Optical Engineering, 1995, 34(8): 2407 – 2412.

[105] YOKOYAMA S, OHNISHI J, IWASAKI S, et al. Real-time and high-resolution absolute-distance measurement using a two-wavelength superheterodyne interferometer [J]. Measurement Science & Technology, 1999, 10(12): 1233 – 1239.

[106] FALAGGIS K, TOWERS D P, TOWERS C E. Algebraic solution for phase unwrapping problems in multiwavelength interferometry [J]. Applied Optics, 2014, 53(17): 3737 – 3747.

[107] EDLÉN B. The refractive index of air [J]. Metrologia, 1966, 2(2): 71.

[108] BIRCH K P, DOWNS M J. Correction to the updated Edlen equation for the refractive-index of air [J]. Metrologia, 1994, 31(4): 315 – 316.

[109] BONSCH G, POTULSKI E. Measurement of the refractive index of air and comparison with modified Edlen's formulae [J]. Metrologia, 1998, 35 (2): 133 – 139.

[110] BIRCH K P, DOWNS M J. An updated edlen equation for the refractive-index of air [J]. Metrologia, 1993, 30(3): 155 – 162.

[111] 刁晓飞. 高速超精密外差激光干涉测量技术研究[D]. 哈尔滨:哈尔滨工业大学, 2014.

[112] KOUROGI M, ENAMI T, OHTSU M. A coupled-cavity monolithic optical

frequency comb generator [J]. IEEE Photonics Technology Letters, 1996, 8(12): 1698 - 1700.

[113] KOBAYASHI T, SUETA T, CHO Y, et al. High-repetition-rate optical pulse generator using a Fabry - Perot electro-optic modulator [J]. Applied Physics Letters, 1972, 21(8): 341 - 343.

[114] LOUIS J R, REGINALD BROTHERS. Terahertz optical frequency comb generation[D]. Massachusetts: Massachusetts Institute of Technology, 1997.

[115] DREVER R W P, HALL J L, KOWALSKI F V, et al. Laser phase and frequency stabilization using an optical resonator[J]. Applied Physics B, 1983, 31(2): 97 - 105.

[116] BLACK E D. An introduction to Pound - Drever - Hall laser frequency stabilization[J]. American Journal of Physics, 2001, 69(1): 79.

[117] 桑峰, 江月松, 辛遥, 等. Pound - Drever - Hall 稳频方法的 Multisim 建模分析[J]. 应用光学, 2010(04): 641 - 647.

[118] YOUNG B C, CRUZ F C, ITANO W M, et al. Visible lasers with subhertz linewidths[J]. Physical Review Letters, 1999, 82(19): 3799 - 3802.

[119] WILLIAMS R M, KELLY J F, HARTMAN J S, et al. Kilohertz linewidth from frequency-stabilized mid-infrared quantum cascade lasers [J]. Optics Letters, 1999, 24(24): 1844 - 1846.

[120] ARCIZET O, COHADON P F, BRIANT T, et al. High-sensitivity optical monitoring of a micromechanical resonator with a quantum-limited optomechanical sensor [J]. Physical Review Letters, 2006, 97(13): 133601.

[121] SLAMA S, BUX S, KRENZ G, et al. Superradiant rayleigh scattering and collective atomic recoil lasing in a ring cavity [J]. Physical Review Letters, 2007, 98(5): 053603.

[122] GATTI D, GALZERANO G, JANNER D, et al. Fiber strain sensor based on a Pi - phase-shifted bragg grating and the Pound - Drever - Hall

technique[J]. Optics Express, 2008, 16(3): 1945 - 1950.

[123] ARCIZET O, COHADON P F, BRIANT T, et al. Radiation-pressure cooling and optomechanical instability of a micromirror[J]. Nature, 2006, 444(7115): 71 - 74.

[124]梁铨廷. 物理光学[M].北京:电子工业出版社, 2008.

[125] GIBBLE L, CHU S. Laser-cooled Cs frequency standard and a measurement of the frequency shift due to ultracold collisions[J]. Physical Review Letters, 1993, 70(12): 1771 - 1774.

[126]BERKELAND D J, MILLER J D, BERGQUIST J C, et al. Laser-cooled mercury ion frequency standard[J]. Physical Review Letters, 1998, 80(10): 2089 - 2092.

[127]SANTARELLI G, LAURENT P, LEMONDE P, et al. Quantum projection noise in an atomic fountain: a high stability cesium frequency standard[J]. Physical Review Letters, 1999, 82(23): 4619 - 4622.

[128] MICHELS W C, CURTIS N L. A pentode lock-in amplifier of high frequency selectivity[J]. Review of Scientific Instruments, 1941, 12(9): 444 - 447.

[129]SCOFIELD J H. Frequency-domain description of a lock-in amplifier[J]. American Journal of Physics, 1994, 62(2): 129 - 133.

[130]FBARONE F, CALLONI E, DIFIORE L, et al. High-performance modular digital lock-in amplifier[J]. Review of Scientific Instruments, 1995, 66(6): 3697 - 3702.

[131]GASPAR J, CHEN S F, GORDILLO A, et al. Digital lock-in amplifier: study, design and development with a digital signal processor[J]. Microprocessors and Microsystems, 2004, 28(4): 157 - 162.

[132] MASCIOTTI J M, LASKER J M, HIESCHER A H. Digital lock-in detection for discriminating multiple modulation frequencies with high accuracy and computational efficiency[J]. IEEE Transactions on Instrumentation and Measurement, 2008, 57(1): 182 - 189.

[133] PROBST P A, JAQUIER A. Multiple-channel digital lock-in amplifier with ppm resolution[J]. Review of Scientific Instruments, 1994, 65(3): 747-750.